华中师范大学出版基金丛书

高 校 教 材 系 列

U0162213

水文与水资源学实验教程

张海林　黄建武　编著
刘目兴　易　军

CBJJ

出版社　华中师范大学

新出图证(鄂)字 10 号

图书在版编目(CIP)数据

水文与水资源学实验教程/张海林等编著. —武汉:华中师范大学出版社,2022.8(2024.1重印)

ISBN 978-7-5622-9646-1

Ⅰ.①水… Ⅱ.①张… Ⅲ.①水文学—实验—高等学校—教材 ②水资源—实验—高等学校—教材 Ⅳ.①P33-33 ②TV211-33

中国版本图书馆 CIP 数据核字(2021)第 269997 号

水文与水资源学实验教程

SHUIWEN YU SHUIZIYUANXUE SHIYAN JIAOCHENG

ⓒ 张海林　黄建武　刘目兴　易军　编著

责任编辑:刘满元	责任校对:罗 艺	封面设计:罗明波
编辑室:总编室	电话:027-67867656	

出版发行:华中师范大学出版社有限责任公司

社址:湖北省武汉市洪山区珞喻路 152 号　　　　邮编:430079

电话:027-67861549(发行部)

网址:http://press.ccnu.edu.cn　　　　电子邮箱:press@mail.ccnu.edu.cn

印刷:广东虎彩云印刷有限公司　　　　督印:刘 敏

字数:90 千字

开本:710mm×1000mm　1/16　　　　印张:5.75

版次:2022 年 8 月第 1 版　　　　印次:2024 年 1 月第 2 次印刷

定价:28.00 元

欢迎上网查询、购书

前　　言

　　水文与水资源学是高校地理科学类专业的基础课。该课程是研究地球上水的性质、分布、循环、运动变化规律,以及其与地理环境、人类社会之间相互关系的科学,同时兼顾人类活动的水文环境效应,注重水资源的量与质。通过该课程的学习,学生可了解水循环各个环节的基本运动变化规律,通过实验掌握水文测验的相关原理和知识。

　　当前,突出实践教学、培养创新人才已成为教育改革的发展趋势。地理科学由于其学科的特殊性,在教育改革中应更加突出实践环节,强化能力培养。在此背景下,《水文与水资源学实验教程》在课堂理论教学的基础上,通过设置水文学相关实验,使学生切实掌握水文观测仪器的观测原理,了解各种观测仪器的使用方法,能够利用仪器进行基本的水文观测,初步掌握水文数据整理分析的基本技能。通过这些基本实验的操作,可以加深学生对水文测验的基础实验理论知识的理解和操作技能的掌握,从而巩固和加深水文学基础理论知识,同时进一步培养学生实践操作技能和思维能力。

　　本书实验设置主要包括水循环中蒸散发、降水、下渗、径流等环节的测验,兼顾河流、湖泊、水库、地下水等水体水情要素的观测与测验,既考虑了传统观测手段与仪器的使用方法与原理,同时引入了自动化的测验设备与方法。本书的编写参考了相关专业的实验教程及学术论文等文献资料,在此一并向所有作者表示衷心的感谢。

　　本书主要由张海林、黄建武、刘目兴、易军四位老师共同完成。在编写过程中,田培、李琪、倪鑫等老师也提供了部分素材,研究生姜岚参与了样稿的校对,在此对他们的辛勤劳动表示感谢!本书的出版得益于华中师范大学出版基金的资助,本书编辑在出版中也花费了大量的精力,在此一并表示感谢。

由于涉及知识点较多,实验仪器复杂,实验过程烦琐,编写时间仓促,加之编者水平有限,书中难免存在一些问题和疏漏,敬请广大读者批评指正。

编　者
2022 年 2 月

目　　录

实验一　降水观测实验

降水是水循环的重要环节,降水量(单位:mm)是重要的降水要素之一,指一定时段内降落在某一单位面积上的水层深度。降水量可用器测法、雷达探测和气象云图来估算。器测法一般用来测量实际降水量,雷达探测和卫星云图一般用来预报降水量。

一、实验目的

1.掌握描述降水的指标。

2.掌握多种仪器观测降水量的方法。

二、实验内容

使用器测法观测某一时段降水量。

三、实验要求

1.认真做好预习,熟悉实验步骤。

2.实验过程中,严格按照仪器操作规程操作,做好实验记录。

四、实验条件

1.仪器设备:雨量器、自记雨量器。

2.实验工具:坐标纸、铅笔、彩色铅笔、报告纸等。

五、实验步骤

(一)雨量器测定降水量

1.认识雨量器

雨量器是一个圆柱形金属筒,由承雨器、漏斗、储水瓶和雨量杯组成,如图 1-1 所示。承雨器口径为 20 cm,安装时器口一般距地面 70 cm,筒口保持水平。

雨量器下部放储水瓶收集雨水。观测时将雨量器里的储水瓶迅速取出,换上空的储水瓶,然后用特制的雨量杯测定储水瓶中收集的雨水,分辨率为 0.1 mm。当降雪时,仅用外筒作为承雪器具,待雪融化后计算降水量。

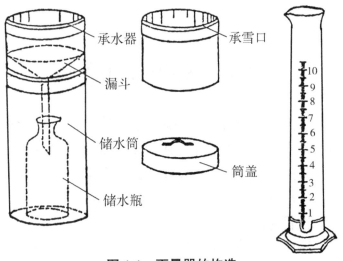

图 1-1　雨量器的构造

2.雨量器的使用

(1)安装雨量器

安置在观测场内固定架子上,器口保持水平,距地面高度 70 cm。冬季积雪较深地区,应在其附近装一能使雨量器器口距地高度达到 1.0～1.2 m 的备份架子。当雪深超过 30 cm 时,应把仪器移至备份架子上进行观测。冬季降雪时,须将漏斗从器口内拧下(用旧式雨量器的站,须换承雪口),取走储水瓶,直接用承雪口和储水筒容纳降水。

(2)观测和记录

用雨量器观测降水量的方法一般是采用分段定时观测,即把一天分成几个等长度的时段,如分成 4 段(每段 6 小时)或分成 8 段(每段 3 小时)等,分段数目根据需要和可能而定。一般采用 2 段制进行观测,即每日 8 时及 20 时各观测一次,雨季增加观测段次,降水量大时还需加测。日雨量是以每天上午 8 时作为分界,将该日 8 时至次日 8 时的降水量作为该日的降水量。

液态降水的观测记录:每天 8 时、20 时观测前 12 小时降水量。在观测时要换取储水瓶,把换下的储水瓶取回室内(降水很小或已停止时,也可在观测场内),将水倒入量杯(注意倒净),然后,用食指和拇指夹住杯上端,使其自由下垂(或将量杯放在水平桌面上),视线与水面平齐,以水凹面最低处为准,读得的刻度数即为降水量,记入观测簿中该时降水量定时栏。降水量大时,可分数次量取,求其总和。量取完毕,应进行复验。此外,也可用台秤直接称量。

固态降水的观测记录:将已承接固态降水物的储水筒用备用储水筒换下,盖上盖子后,取回室内,待固态降水物融化后,用量杯量取。也可将固态降水物连同储水筒用台秤称量,称量前须把附着于筒外的降水物和泥土等清除干净。如无台秤,又遇发报观测,则可加入定量的温水,使固态降水物完全融化,再用量杯量取,但量得数值须扣除加入的温水水量。观测时间及记录均同液态降水。

6小时降水量的观测记录:拍发给绘图报的台站,凡配有遥测雨量计的,采用遥测雨量计观测专供编报用的2时、8时、14时、20时前的6小时降水量,记录记入观测簿该时降水量栏。若无遥测雨量计或遥测雨量计发生故障,应使用雨量器观测前6小时降水量,记录记入观测簿该时降水量栏;同时按上述规定,分别记入8时、20时的降水量。

雨量等级划分标准见表1-1。

表 1-1　雨量等级划分标准

等级	12 小时降水总量/mm	24 小时降水总量/mm
小雨、阵雨	<5.0	0.1~9.9
中雨	5.0~14.9	10.0~24.9
大雨	15.0~29.9	25.0~49.9
暴雨	30.0~69.9	50.0~99.9
大暴雨	70.0~139.9	100.0~249.9
特大暴雨	≥140.0	≥250.0

降水量观测记录表可采用表1-2的格式。

表 1-2　降水量观测记录表

月份　　　　　　　　　　　　（采用　　段次）　　　　　　　　　第　页

日	观测时间		实测降	日降水	备	日	观测时间		实测降	日降水	备
	时	分	水量/mm	量/mm	注		时	分	水量/mm	量/mm	注

（二）WatchDog 翻斗式自记雨量筒测定降雨量

1. 工作原理

图 1-2 为翻斗式自记雨量筒。雨水由上方落入漏斗中,经过漏斗口流入筒内翻斗,当翻斗内雨水超过一定重量时,翻斗失去平衡发生倾倒,每次倾倒都会触碰其下螺丝钉,发送一次信号,并记录下来。

图 1-2　翻斗式自记雨量筒

2. 配套软件

SpecWare 9 Pro。

3. 设置

(1)安装电池,通过数据线连接电脑。

(2)打开 SpecWare 9 Pro,选择"WatchDog Management",选择"New Station"建立新的站点。

(3)选择"Launch/Set Properties 1000 or 2000 Series",设置记录时间间隔。

4. 安装

(1)选择合适样地,固定钢架,保持 1~1.3 m 高度。

(2)将雨量筒用螺丝钉固定在钢架上。

5. 数据获取

连接电脑,打开 SpecWare 9 Pro,选择"Get date from Watch

Dog 1000 or 2000"，获取数据。

六、思考题

1.影响降水量观测精度的因素有哪些？

2.用点降水量推求面降水量的方法有哪些？

3.不同雨量计测量方法的区别和联系。

七、实验报告

1.记录实验过程，绘制降水特征曲线。

2.实验报告要求

(1)实验报告应包括实验目的、实验方法、实验结果和讨论等内容。

(2)实验报告需回答实验教程中的思考题。

八、注意事项

遵守实验室管理制度，爱护实验器材，做好实验室的清洁和安全工作。

参考文献

[1]杨士弘.自然地理学实验与实习[M].北京：科学出版社，2002.

[2]易珍莲，梁杏.水文学原理与水文测验实验实习指导书[M].武汉：中国地质大学出版社，2011.

实验二　蒸散发观测实验

蒸散发是水文循环中自降水到达地面后由液态或固态转化为水汽返回大气的现象，是水面和陆面与大气之间水量交换的形式之一。水由液态或固态转化为气态的过程称为蒸发，具有水分子的物体表面如江河、湖泊、水库等称为蒸发面。蒸发面为水面时称为水面蒸发；蒸发面为土壤表面时称为土壤蒸发；蒸发面为植物茎叶时则称为植物散发。陆地上的降水约66%通过蒸散发返回大气，由此可见蒸散发是水文循环的重要环节。蒸散发在水量平衡研究和水利工程规划中是不可忽视的影响因素。

一、实验目的

1. 掌握水面蒸发、土壤蒸发的特性及影响因素。

2. 掌握水面蒸发、土壤蒸发量观测的方法。

二、实验内容

1. 运用小型蒸发器、E-601 型蒸发器进行水面蒸发量的观测。

2. 运用 ГГИ-500 型土壤蒸发器、LYS20 土壤棵间蒸发器进行土壤蒸发量的观测。

三、实验要求

1. 认真做好预习，熟悉实验内容。

2. 严格按照仪器操作规程操作。

3. 做好实验记录。

四、实验条件

1. 仪器设备：小型蒸发器、E-601 型蒸发器、ГГИ-500 型土壤蒸发器、自动供水土壤蒸发器、LYS20 土壤棵间蒸发器。

2. 实验工具：铅笔、报告纸等。

五、实验步骤

(一)水面蒸发量观测

水的蒸发是水循环过程中的一个重要环节,是水库、湖泊等水量损失的一部分。水面蒸发是蒸发中最简单的一种,由于它是在蒸发面充分供水情况下的蒸发,此时影响蒸发的因素主要是温度、湿度和风速等。一定口径蒸发器内的水,经过一段时间因蒸发而消耗的深度,称为蒸发量。蒸发量以毫米为单位,取至小数点后一位。确定水面蒸发量的大小,通常有两种途径:器测法和间接计算法。

1. 小型蒸发器观测

(1)认识小型蒸发器

小型蒸发器(如图 2-1 所示)为一口径 20 cm、高约 10 cm 的金属圆盆。口缘镶有内直外斜的刀刃形铜圈,器旁有一倒水小咀。为了防止鸟兽饮水,器口附有一个上端向外张开成喇叭状的金属丝网圈。

图 2-1　小型蒸发器

(2)蒸发器的安置

利用小型蒸发器进行测量时,将小型蒸发器安置在雨量筒附近,使之终日能够受到阳光照射,要求器口水平,口缘距地面的高度为 70 cm。

(3)蒸发量的测定

每日放入定量清水,24 小时后,用量杯测量剩余水量,减少的水量即为蒸发量。一般是前一日 8 时以专用量杯量清水 20 mm

(原量)倒入器内,24 小时后即当日 8 时,再测量器内的水量(余量),其减少的量为蒸发量,即:

蒸发量＝原量－余量。

若前一日 8 时至当日 8 时之间有降水,则计算式为:

蒸发量＝原量＋降水量－余量。

蒸发器观测记录格式见表 2-1。

表 2-1　蒸发器观测记录表

编号:　　　　　　蒸发截面:　　　　　年:　　　　　观测员:

月　日	观测时间 时　分	观测值/mm	注水后 观测值/mm	蒸发截面 ×高差	备注

2. E-601 型蒸发器观测

(1)认识 E-601 型蒸发器

E-601 型蒸发器(如图 2-2)主要由蒸发桶、水圈、溢流桶和测针四部分组成。

蒸发桶,是其主体部分。器口正圆,有圆锥底的圆柱形桶,口缘为内直外斜的刀刃形。桶底中心装有一根直管,直管的上端装有水面指示针,用以指示蒸发桶中水面高度。在桶壁上开有溢流孔,用胶管与溢流桶相连通。

水圈,是装置在蒸发桶外围的环套,用以减少太阳辐射及溅水对蒸发的影响。它由四个相同的、其周边稍小于四分之一圆周的弧形水槽组成。水圈内的水面应与蒸发桶内的水面接近。

溢流桶,用来承接因暴雨从蒸发桶溢出的水。放置溢流桶内的箱

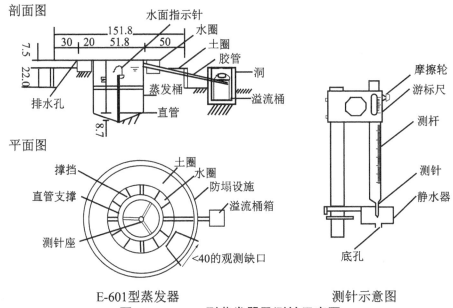

图 2-2 E-601 型蒸发器及测针示意图

要求耐久、干燥和有盖。不出现暴雨的地方,可以不设置溢流桶。

测针,用于测量蒸发器水面高度。整个测针在使用时套到蒸发桶中的测针座上,测针上有划分到毫米的刻度,并装有游标尺,可使读数精确到 0.1 mm。测杆上有针尖,用摩擦轮升降测针,可使针尖上下移动对准水面。针尖的外围水面上套一杯形静水器,器底有孔,使水内外相通,用固定螺丝与插杆相连,且能上下调整静水器的位置,以恰使静水器底没入水中。

(2)蒸发器的安置

高的仪器安置在北面,低的仪器顺次安置在南面。

仪器之间的距离,南北向不小于 3 m,东西向不小于 4 m,与围栅距离不小于 3 m。具体布置如图 2-3。

安置时,力求少挖动原土。蒸发桶放入坑内,必须使器口水平。在土圈外围,还应有防塌设施,可用预制弧形混凝土块拼成,或沿土圈外围打入短木板桩等。

(3)蒸发器的用水

蒸发器的用水应取用能代表当地自然水体的水。水质一般要

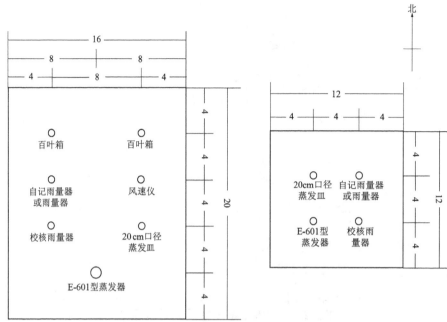

图 2-3　陆上水面蒸发场仪器布设图(单位:m)

求为淡水。如当地的水源含有盐碱,为符合当地水体的水质情况,亦可使用。在取用地表水有困难的地区,可使用能供饮用的井水。当用水含有泥沙或其他杂质时,须沉淀后使用。蒸发器中的水,要经常保持清洁,应随时捞取漂浮物。发现器内水体变色、有味或器壁上出现青苔时,即应换水。此外,水圈内的水也要保持清洁。

(4)蒸发器的观测

①调整测针尖与水面恰好相接。每日 20 时进行观测。将测针插到测针座的插孔内,使测针底盘紧靠测针座表面,将音响器的极片放入蒸发器的水中。先把针尖调离水面,将静水器调到恰好露出水面,如遇较大的风,应将静水器上的盖板盖上。待静水器内水面平静后,即可旋转测针顶部的刻度圆盘,使测针向下移动。当听到讯号后,将刻度圆盘反向慢慢转动,直至音响停止后再正向缓慢旋转刻度盘,第二次听到讯号后立即停止转动并读数。

②从游标尺上读出水面高度并记录。读数方法:通过游尺零线所对标尺的刻度,即可读出整数;再从游尺刻度线上找出一根与

标尺上某一刻度线相吻合的刻度线,游尺上刻度线的数字就是小数读数。每次观测应测读两次。在第一次测读后,应将测针旋转90°~180°后再读第二次。要求读至 0.1 mm,两次读数差不大于0.2 mm,即可取其平均值,否则应检查测针座是否水平,待调平后重新进行读数。

③记录次日观测器内水面高度的起算点。在测记水面高度后,应目测针尖或水面标志线露出或没入水面是否超过 1.0 cm。超过时应向桶内加水或汲水,使水面与针尖齐平。每次调整水面后,都应按上述要求测读调整后的水面高度两次,并记入观测簿中,作为次日计算蒸发量的起点。如器内有污物或小动物,应在测记蒸发量后捞出,然后再进行加水或汲水,并将情况记于附注栏。

④遇降雨溢流时,应测记溢流量。溢流量可用台称称重、量杯量读或量尺测读。折算成与 E-601 型蒸发器相应的毫米数,其精度应满足 0.1 mm 的要求。

(5)日蒸发量的计算

正常情况下,日蒸发量按下式进行计算:

$$E = P + (h_1 - h_2),$$

式中,E 为日蒸发量,单位为 mm;P 为日降水量,单位为 mm;h_1,h_2 分别为上次和本次蒸发器内的水面高度,单位为 mm。

在降雨时,如发生溢流,则应从降水量中扣除溢流水量,其蒸发量按下式计算:

$$E = P + (h_1 - h_2) - C \times h_3,$$

式中,h_3 为溢流桶内的水深;C 为流桶与蒸发器面积的比值。

由于蒸发器的水热条件、所受风力影响与天然水体有显著区别,测得的蒸发量偏大,所以不能直接把蒸发器观测结果作为天然水体的蒸发值。有关研究表明,蒸发池的直径大于 3.5 m 以后,蒸发强度与蒸发池面积间的关系才变得不明显,因而认为其蒸发量可以代表天然蒸发量。为此,对大量的小型蒸发器所观测的数据需要再乘以折算系数 K 才较符合实际。

实际资料分析表明,E-601 型的蒸发接近天然,其折算系数 K 常在 1.00 附近,而 80 cm 蒸发器及 20 cm 蒸发皿的折算系数 K 一般小于 1.00。折算系数 K 随蒸发器直径变化而变化,同时也与蒸发器的类型、季节变化、地理位置等因素有关。实际工作中,应根据当地实测资料分析。

3. 间接计算蒸发量

间接计算蒸发量是利用气象或水文观测资料间接推算蒸发量的方法,主要有水汽输送法、热量平衡法、彭曼法、水量平衡法、经验公式法等。如彭曼(H. L. Penman)的水面蒸发公式为:

$$E = \frac{1}{\Delta + \gamma}(Q_n \Delta + \gamma E_a),$$

式中,Q_n 为净辐射量;E_a 为水面温度等于气温时的水面蒸发;Δ 为气温与饱和水汽压关系曲线的坡度;γ 为湿度计常数。

这种方法需要专门的气象或水文观测资料,在实际工作中往往难以获得,因而除专门研究外,较少采用。

(二)土壤蒸发观测

土壤蒸发是土壤中所含水分以水汽的形式逸入大气的现象,土壤蒸发过程是土壤失去水分或干化的过程。土壤蒸发观测相对水面蒸发观测而言较为复杂,目前常用称重式土壤蒸发器来观测。其原理是通过测量一定时段(一般为 1 天)内蒸发器中土块的重量变化,并考虑观测时段内的降水及土壤渗漏的水量,用水量平衡原理推求出土壤蒸发量。目前,我国常用的仪器是 ΓΓИ-500 型土壤蒸发器、自动供水土壤蒸发器等。

1. ΓΓИ-500 型土壤蒸发器观测

(1)认识 ΓΓИ-500 型土壤蒸发器

图 2-4 为 ΓΓИ-500 型土壤蒸发器,它是一种通过称量一定容积自然状态土体在一定时间间隔内的重量变化来确定该时段土壤蒸发量的仪器。蒸发器有内、外两个铁筒,埋置于土中。内筒用来切割土样和装填土样,内径 25.2 cm,高 50 cm,面积 500 cm²,筒下有一个多孔活动底,以便装填土样。外筒内径 26.7 cm,高 60 cm,

筒底封闭,埋入地面以下,供置入内筒用,防止周围土壤下塌或渗漏。另设地面雨量器,器口面积 500 cm²,以观测降雨量。筒下有一集水器承受蒸发器内土样渗漏的水量。内筒上接一排水管与径流器相通,以接纳蒸发器上面所产生的径流。

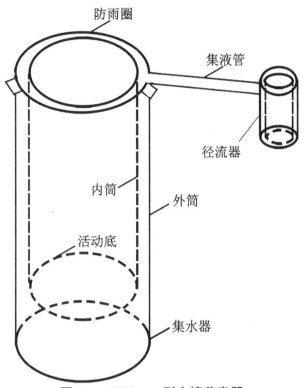

防雨圈
集液管
径流器
内筒
外筒
活动底
集水器

图 2-4 ГГИ-500 型土壤蒸发器

(2)观测与计算

在测定地段上,一般安装两个蒸发器,所测的一切数据,皆取这两个蒸发器读数的算术平均值,以保证其代表性。开始测定时,先用感量为 10~15 g 的台秤称量土壤蒸发器的质量 G_1(g),以后每隔预定时段,再测定其质量,同时观测集水器中的水量即渗水量 q(mm),以及雨量器中的水量即降水量 P(mm)。由此,在每一测定时段内,可得两个 G 值(按先后分别记作 G_1、G_2),一个 q 值和一个 P 值。所选的测定时段通常为 5 天,测定时段越短,相对误差越大。

定期对土样称重,再按下式推算时段蒸发量,测量蒸发量的精度为 0.3～0.5 mm,对 ГГИ-500 型蒸发器,单位换算系数为 0.02,即:

$$E=0.02(G_1-G_2)-(R+q)+P,$$

式中,E 为观测时段内土壤蒸发量,单位为 mm;G_1、G_2 为时段初和时段末筒内土样的重量,单位为 g;P 为观测时段内的降雨量,单位为 mm;R 为观测时段内产生的径流量,单位为 mm;q 为观测时段内渗漏的水量,单位为 mm;0.02 为蒸发器单位换算系数。

这种土壤蒸发器可以在平地或坡地使用,也可以在裸地或农田上测定土壤蒸发量或农田总蒸散量,以及作物棵间蒸发量。当在多雨的地区或季节使用时,误差较大。由于器测时土壤本身的热力条件与天然情况不同,其水分交换与实际情况差别较大,并且器测法只适用于单点,所以,观测结果只能在某些条件下应用或作为参考。对于较大面积的情况,因流域下垫面条件复杂,难以分清土壤蒸发和植物散发,所以器测法很少在生产上具体应用,多用于蒸发规律的研究。

2. 自动供水土壤蒸发器观测

ʼ(1)认识自动供水土壤蒸发器

自动供水土壤蒸发器(如图 2-5)主要由蒸发筒、供水筒、水分调节器和溢流筒组成。蒸发筒内盛土样(取原状土或扰动土),里面栽种作物,其横截面积大小、形状和深浅不一,可根据试验要求而定。供水筒是补给土壤水分用的贮水器,并附有水位标尺。水分调节器利用马利奥特管(马利奥特管是图中进水管、通气管和进气管三根管的总称)或浮沉机械装置随着土面蒸发和植物蒸腾的变化自动对蒸发筒内土壤水分进行补给,其补给水量由供水筒的水位标尺读出。溢流筒用来收集通过蒸发筒内土体的渗漏水而测定渗漏量。通气管直立部分的下端有一个 45° 的切口,一般情况下处于水面以下。当水面由于蒸发而降低时,切口便露出水面,由进气口传来的大气压力就可以通过通气管传递到贮水筒内,以迫使水分通过供水管而进入水分调节器内,使其水面回升,待通气管下端的 45°切口被重新淹没时便停止供水,这就是一次自动供水过程。

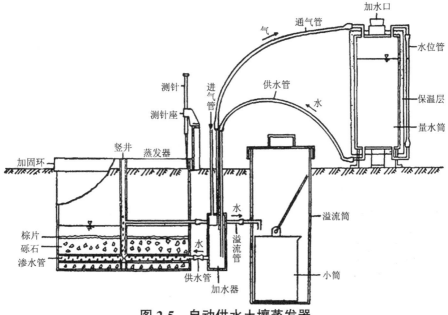

图 2-5　自动供水土壤蒸发器

（2）安装

选定有代表性的观测场地,挖坑埋蒸发器,其口沿必须水平。器内渗水管要用棕片包扎好,下部填 15～20 cm 的砾石,铺一层棕片后,再填土至口沿下 5 cm。接好各个连通管,向器内加水。当供水筒的供水速度显著减慢时,记下水位和时间,开始观测。

（3）观测

读供水筒的水位前,先用手捏一捏水位软管,以防筒内外水位不一致,读数精确到 0.5 mm。供水筒加水前,应先关闭（用弹簧夹）供水管,记下水位读数,再打开加水口加水。加完水后,马上关闭加水口,记下水位读数,再接通供水管。

（4）蒸发量的计算

当水分调节器中通气管（马利奥特管）的下端露出水面时,空气从通气管到达供水筒,筒内气压增大,水就沿供水管流入水分调节器。器内水位升高至堵塞通气管的下端时,则停止进气。供水筒的水位下降,达到新的平衡。

在一般情况下,蒸发量 E 用下式计算:

$$E=A+X-Q\pm\Delta W,$$

式中,A 为供水量;X 为降水量;Q 为溢流量;ΔW 为器内土壤蓄水量的变化,减少为正,增加为负。

若每日定时观测,使 ΔW 约为 0,则:

$$E=A+X-Q,$$

由于土壤中毛细管上升水能够源源不断地供给蒸发,所以它实际上是测定保持一定潜水位的最大蒸发量,也称潜水蒸发量。它既可用于水田,也可用于旱田。

3. 土壤棵间蒸发器观测

棵间土壤蒸发是作物需水量中不可分割的部分,是农田水量平衡计算中非常重要的因素,尤其在作物的生长前期,土壤处于裸露状态,棵间蒸发尤为严重。但是,在农田水量平衡的各种计算模型中如何将棵间蒸发和植物蒸腾区分开来,一直是困扰人们的难题。

只有在明确了作物各生育阶段棵间蒸发和植物蒸腾的比例关系后,才能准确地估算农田土壤水分动态,制定合理的灌溉制度,尽可能地减少无效的土壤水分散失,提高水分利用效率。因此,测定土壤的棵间蒸发是一项非常重要的工作。

(1)认识 LYS20 棵间蒸发器

LYS20 棵间蒸发器(如图 2-6)是研究土壤水分蒸发的重要工具,它具有一体化设计,占地面积小,使用方便、灵活等优点,可用于测定作物种植期或裸地、作物冠层下土壤蒸发,测量结果具有较高的准确性。LYS20 棵间蒸发器主要由土柱、外

图 2-6　LYS20 土壤棵间蒸发器外观图

桶、称重装置组成,它能输出 SDI-12 信号,可作为传感器集成到已有的数据采集器或观测系统中,实现自动称重测量存储,节约科研成本。

　　土柱外围保护桶是用 PVC 制成的护桶(如图 2-7),旁边带有一个副桶。护桶用于放置称重组件、测量模块和土柱,副桶用于积水和放置自动排水泵。副桶上半部分放置分线盒,上端还有水管和电缆线的引出孔。称重组件由称重底盘、称重传感器、称重托架和测量模块组成,称重组通过铝合金底盘固定在护桶底部平面上。土柱由塑料管材制成,上部两侧各有一个挂扣,并配置有可拆卸的提手,用于放置和提起时用。接线盒用于连接测量模块、水泵和外部电缆。

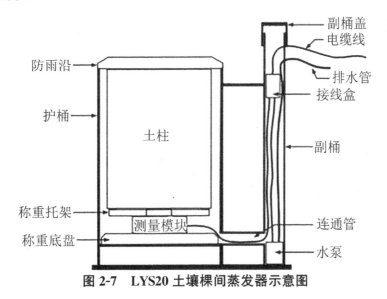

图 2-7　LYS20 土壤棵间蒸发器示意图

　　(2)设备的安装

　　①安装地选址,在选择安装地点时,尽量避开低洼和易积水的位置。

　　②将土柱取出,按试验要求将土壤填好,准备好提手以备用。

　　③挖坑:挖开长 60 cm,宽 40 cm,深 38 cm 坑备用。注意南北方向为 60 cm。基础面要夯实,且要平整,最后铺细砂来微调。

　　④将护桶放入到坑内,注意观察称重底盘上的水准泡,气泡到

达中间为水平,注意观察护桶要整个平面与地面接触,避免局部受力,导致回填移位。护桶南北向放置,副桶放在北侧。

⑤检查地平面与护桶上口的高度,根据当地情况保持护桶上口高于地平面 3 cm,以防周边积水流入桶内。

⑥回填护桶外围的空隙时,要四周均匀地垫细土,一次不要太厚,要小心压实,注意不要导致护桶的侧移或是倾斜。回填完成后注意查看排水管和电缆线的引出位置,建议电缆线埋在土壤里,有条件的话可以套上 PVC 排水管,排水管要悬放在地平面上,注意不要填埋在土壤里,以免排水不畅。

⑦放置土柱,将不锈钢提手的两个钩子卡在土柱上端两侧的凹槽中,向上提起,注意两侧的卡口一定要卡到位,防止中途脱落。提起土柱后,检查土柱周围和底部是否有泥土,如有则清除干净。然后将土柱经护桶上口轻轻放置到桶内的称重托架上,注意居中放置。注意土柱要与称重部件缓慢接触,防止过大的冲击力造成损坏。

⑧退下提手,将提手垂直向上立正,然后轻轻向下压,直到两侧的挂钩脱离后,从一侧取出提手。

⑨盖上防雨圈,完成硬件部分的安装。

⑩安装软件并建立连接:打开安装文件运行安装,通过 USB 连接采集器,根据软件的提示运行程序建立连接,调整参数配置。

(3)观测蒸发量

利用数据采集传输管理平台可进行数据读取。打开浏览器,在地址栏中输入 http://www.gprslogger.com,即可连接到服务器的登录页面。在登录页面输入用户名、密码和验证码后,点击"列表登录"。登录后,即可看到所属观测系统的列表信息和相关数据,其中包括蒸发量的数据。此外,数据采集传输管理平台还可以查询历史数据,以及将数据打包,以文件的形式进行下载。

六、思考题

1. 影响蒸发的因素有哪些?
2. 如何保证蒸发器观测过程中的精确性?

七、实验报告

1. 记录实验过程,完成土壤蒸发观测记录表。

2. 实验报告要求:

(1)实验报告应包括实验目的、实验方法、实验结果和讨论等内容。

(2)实验报告需回答实验教程中提出的思考题。

八、注意事项

1. 实验时遵守实验秩序,听从指导,保护自身安全。

2. 进行实验操作前,先明确实验内容和要求,了解器材的使用方法。

3. 实验观测时,及时记录实验数据,并将其填入实验观测记录表。

4. 爱护实验器材,并做好器材维护和清洁工作。

参考文献

[1]崔振才.水文及水利水电规划[M].北京:中国水利水电出版社,2007.

[2]鹿洁忠.ГГИ-500-50 型土壤蒸发器的使用和评价[J].水文,1990(5):38-43.

[3]金栋梁.土壤蒸发量的称量设备介绍[J].水文,1981(4):58-59.

[4]王积强.自动供水土壤蒸发器[J].土壤,1982(4):146-148.

实验三 土壤水分入渗过程测定实验

土壤水分入渗是指水进入土壤的过程,通常是通过全部或部分地表向下流动的过程。土壤入渗率是一个计算变量,是指单位时间内地表单位面积土壤入渗的水量,表示特定条件下土壤水入渗速率的大小。土壤入渗性能是一定质地结构的土壤所具有的特性,为充分供水条件下单位时间单位面积土壤水最大入渗速率。土壤对水的渗吸能力常用入渗率 i 或者累积入渗量 I 来定量描述。入渗率 i 指土壤通过地表接受水分的通量,即单位时间通过单位面积入渗的水量,单位为 mm/min 或 m/d。累积入渗量 I 指在一定时段内通过单位面积的总水量,单位为 mm 或 cm。入渗率 i 与累积入渗量 I 的关系式由 $i = \dfrac{\mathrm{d}I}{\mathrm{d}t}$ 给出。

在入渗过程中,土壤入渗性能受供水强度的影响。当供水强度(即供水速率)小于土壤入渗性能(如小雨、低强度下的喷灌和滴灌等),土壤入渗由供水速率控制。当供水速率超过土壤入渗性能时,地表出现积水,土壤入渗性能由土壤的渗吸能力控制。大量试验和理论分析表明:土壤入渗性能随时间变化而变化。入渗过程中,最初的入渗率 i_0 相对很大,随着时间的推移,入渗率 i 逐渐降低,当入渗进行到某一时段后,入渗率稳定在一个比较固定的水平上,即达到稳定入渗率 i_f。稳定入渗率 i_f 与土壤饱和导水率 K_s 相等或相近(视入渗时的压力水头而定)。稳定入渗率 i_f 的大小取决于土壤的孔隙状况、质地、结构和土壤有无裂隙、土表有无结皮等。土壤达到稳定入渗率的时间一般不超过 2~3 小时。

目前测定土壤入渗率的方法主要有双环入渗仪法、人工模拟降雨法、圆盘入渗仪法、产流—入流—积水法、降雨径流—入流—

产流法、点源和线源测量方法等。其中双环入渗法是国内外科研人员在进行野外土壤入渗观测时普遍采用的方法。

一、实验目的

1. 掌握双环入渗仪测定土壤入渗速率的原理。

2. 掌握双环入渗仪测定土壤入渗速率的操作要点。

3. 掌握入渗速率的计算方法。

二、实验内容

运用双环入渗仪对土壤水分入渗过程进行观测。

三、实验要求

1. 认真做好预习,熟悉实验内容。

2. 严格按照仪器操作规程操作。

3. 做好实验记录。

四、实验条件

1. 仪器设备:双环入渗仪。

2. 实验工具:马氏瓶、铁锹、卷尺、水桶、锤子、手套等。

五、实验步骤

(一)认识双环入渗仪

双环入渗仪是测量土壤入渗速率既便捷又较为经济的仪器,由两个不同直径的内外金属环组成,观测时将两个同心环一同打入土壤一定深度,然后给两环供水,两环内水面高度保持一致。内环为测量环,根据供水量与时间测算土壤入渗速率。外环为缓冲环,其作用是保证内环中的水垂直入渗。目前常采用马氏瓶与双环组成累计入渗量测量装置,此装置由马氏瓶向内环不间断供水,保证内环土壤表面具有恒定的压力水层,可避免由于人工加水带来的误差。

双环入渗仪(如图3-1)是一种简易设备,主要由内环与外环组成,内环直径一般为30 cm,高为20 cm,外环直径一般为60 cm,高为20 cm。在测定土壤入渗率时,需将内、外两个同心圆环压(砸)入土壤中10~15 cm,并保持环口水平。然后通过马氏瓶将水注入两环且保持5 cm的固定水深。内环区域为试验测定区,内环与外环之间的区域用于防止内环的侧渗,以维持测定区内的下渗水流近似一维垂直入渗。内环在单位时间、单位面积上的入渗水量即为土壤入渗率。

图 3-1　双环入渗仪

(二)双环入渗仪的使用

1.在实验区选较为平坦的样地,将覆盖在土壤表面的枯枝落叶清理干净,将双环放置上去,用铁锤将其垂直砸入土壤中 10 cm,将双环边缘的土壤压实,尽量保持土壤结构不受破坏。

2.利用马氏瓶向双环的内、外环注水,保持内、外环水面高度相同。

3.用马氏瓶向内环注水,每隔一段时间记录水面下降的高度。

4.通过计算马氏瓶水面下降的高度,推算内环下渗水量,再根据时间间隔计算下渗速率。

5.绘制土壤水分累积入渗量和入渗速率曲线。

土壤入渗观测记录格式见表 3-1。

表 3-1　土壤入渗观测记录表

地点：　　　　编号：　　　　　　　时间：　　　　　　记录人：

月·日	历时/min	入渗观测值/cm	累积入渗观测值/cm	备注

六、思考题

1.分析两个测定样点速率差异的原因。

2.影响土壤入渗的因素有哪些?

3.如何确保土壤入渗观测过程中的精确性?

七、实验报告

1.记录实验过程,完成土壤入渗观测记录表。

2.实验报告要求：

(1)实验报告应包括实验目的、实验方法、实验结果和讨论等内容。

(2)实验报告需回答实验教程中提出的思考题。

八、注意事项

1.实验时遵守实验秩序,听从指导,保护自身安全。

2.进行实验操作前,先明确实验的内容和要求,了解器材的使用方法。

3.实验观测时,及时记录实验数据,并将其填入实验观测记录表。

4.爱护实验器材,并做好器材维护和清洁工作。

参考文献

雷廷武,毛丽丽,张婧,等.土壤入渗测量方法[M].北京:科学出版社,2017.

实验四　流速仪(旋桨式)的拆装

流速仪是测量河流、湖泊等水体水流速度的仪器。目前,应用流速仪测流是国内外使用最广泛的方法,也是最基本的测流方法。流速仪主要有机械、电测和超声三种类型,其中机械型流速仪是野外进行流速测量时常用的工具。本次实验通过机械型流速仪(旋桨式)的安装与拆卸,可以更深刻地理解流速仪的原理,更好地掌握流速仪的使用方法。

一、实验目的

流速仪是便携式可拆装的,为了保证在野外正常测量,需要掌握流速仪的安装与拆卸。

二、实验内容

1. 了解流速仪的主要构造以及基本原理。

2. 掌握流速仪的使用方法。

三、实验要求

1. 认真做好预习,熟悉实验原理及内容。

2. 严格按照仪器操作规程操作。

3. 做好实验记录。

四、实验条件

1. 仪器设备:LS1206B 旋桨式流速仪。

2. 实验工具:中性笔、记录本等。

五、实验步骤

1. 了解实验原理

(1)流速仪原理

流速测量是指在水力推动下,流速仪内置信号装置产生转数信号。由转速信号可得出某个单位时段内流速仪产生的信号总

数,计算流速的公式如下:

$$V=C+K\frac{N}{T},$$

式中,V 为流时段内平均流速,单位为 m/s;K 为旋桨水力螺距,单位为 m;C 为流速仪常数,单位为 m/s;T 为测流历时,单位为 s;N 为旋转器总转数。

对某个个体流速仪来说,C 和 K 为定值。因此,测流时,只要测出 T 和 N 的值,即可计算出流速。

(2)适用范围

LS1206B 型旋桨式流速仪(图 4-1)是在水文测验中进行流速测量的一种常规通用型仪器,可用于江河、湖泊、水库、水渠等过水断面中预定测点的时段平均流速的测量,广泛适用于水文测验、水利调查、农田灌溉、径流实验等,亦可适用于水电、环保、矿山、交通、地质、科研院所、市政等行业或部门进行相关流速或流量的监测。

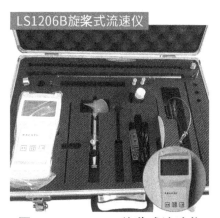

图 4-1　LS1206B 旋桨式流速仪

(3)结构特征

LS1206B 型旋桨式流速仪(图 4-2)由旋桨、旋转部件、支座、尾翼部件(或固杆螺丝)、干簧管部件等组成。

旋桨用于被动感受水流,在水流驱动作用力下,绕水平支承轴旋转。其回转直径为 Φ70 mm,理论水力螺距 120 mm。

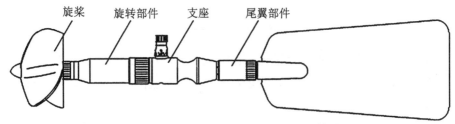

图 4-2　LS1206B 型旋桨式流速仪总体结构

　　旋转部件(图 4-3)由壳体及其内部的转子系统(图 4-4)、动套支部件和压帽等组成。用于在旋桨推动作用力下,产生一定的角速度,并激励干簧管产生通断信号。

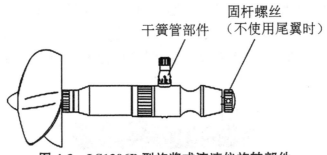

图 4-3　LS1206B 型旋桨式流速仪旋转部件

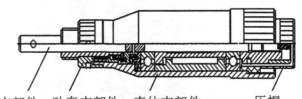

图 4-4　LS1206B 型旋桨式流速仪旋转部件内部转子系统

　　支座用于流速仪工作时的安装与固定,其安装孔径为 Φ16 mm。尾翼部件作用于流速仪工作时的定向,干簧管部件接收来自转子系统的磁激励,其作用为对外提供流速仪信号。

　　流速仪工作时,旋桨受到水流驱动产生回转,然后带动旋转部件的转子部分同步旋转,安装在转子上的磁钢激励干簧管产生通断信号。

2.安装步骤

(1)测杆安装

测量浅水位时,安装示意图如图 4-5 所示,每节测杆直径 Φ16 mm,长度 0.4 m,且具有刻线和数字标识。侧杆上方有指针,用于使流速仪对准流向,注意方向标的位置应该高于水面,方便观察。

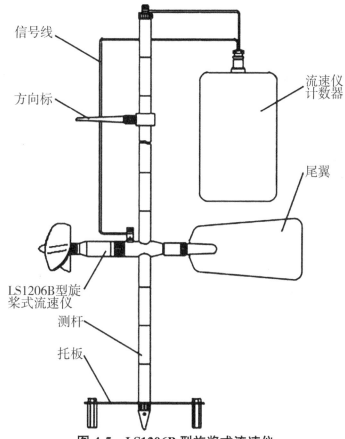

信号线

方向标

流速仪计数器

尾翼

LS1206B型旋桨式流速仪

测杆

托板

图 4-5　LS1206B 型旋桨式流速仪

(2)悬杆、悬索安装

测量深水位点时,一般采用悬吊法测流,流速仪安装于悬杆、悬索或铅鱼上,然后按实际需要确定是否安装尾翼。

3.使用具体步骤

流速仪的使用应严格按照 GB/T 50179-93《河流流量测验规

范》、SL 443-2009《水文缆道测验规范》及其他相关水文测验规范
的有关规定执行。

（1）使用前的准备

流速仪入水使用前，应进行灵敏度测试、信号测试等。

①灵敏度测试：在正常情况下，对准旋桨水面轻缓而均匀地吹
气，旋桨应能轻松起转，无卡顿现象；用手快速拨转旋桨，应无急停
现象。

②信号测试：使用计数器或音响器、万用表等进行测试，信号
应准确、可靠。

（2）使用、操作及注意事项

①使用流速仪时，通常还需要用到计数器，根据信号数和转子
转数的比例，在低速测量时可采取人工计数。

②在入水前，应当用绝缘胶布或者胶带裹紧裸露的信号接线
处，避免影响信号的可靠性。

③在入水前，应检查流速仪安装的各环节是否牢固。

④信号线的接入方法请参见图 4-4。

⑤为防止发生旋桨松脱现象，流速仪在提出水面时，不可使旋
桨迎水面背离流向（流速较大时尤其需注意）。

⑥在安装与拆卸的过程中，注意不要破坏仪器。

（3）LS1206B 旋桨式流速仪主要技术性能及参数

①旋桨回转直径：Φ70 mm

②理论水力螺距：120 mm

③起转速度 v_0：0.05 m/s

④测速范围：0.06 m/s～8 m/s

⑤输出信号：开关接点通断信

⑥信号数/转子转数：2/1（每 1 转 2 个信号）

⑦开关接点容量：DC　$U \leqslant 24V$　$I \leqslant 120$ mA

⑧开关接点寿命：$\geqslant 10^7$ 次

⑨全线相对均方差 m：$|m| \leqslant 1.5\%$

⑩工作水体环境：水温 0 ℃～+40 ℃；水深 0.1 m～30 m；悬

移质含沙量≤30 kg/m³

⑪连续工作时间:≤8 h

⑫贮存环境:温度-25 ℃～+55 ℃;湿度≤90％RH

六、思考题

1.旋桨式流速仪的工作原理是什么?

2.哪些因素会影响流速仪数值的测定?

七、实验报告

1.记录实验过程。

2.实验报告要求:

(1)实验报告应包括实验目的、实验方法、实验结果和讨论等内容。

(2)实验报告需回答实验教程中提出的思考题。

八、注意事项

1.提前预习实验内容,了解实验要求。

2.严格按照规定使用实验仪器,爱惜实验仪器。

3.野外实习时要注意安全。

参考文献
杨汉塘.LS1206B型旋桨式流速仪[J].水文,1985(6):49-54.

实验五　水位观测实验

水位是反映水体、水流变化的重要标准,是水文测验中最基本的观测要素。水位是防汛抗旱工作的主要依据,也是推算其他水文要素并掌握其变化过程的重要资料。

一、实验目的

1. 明确河流水位观测的实际操作过程。

2. 掌握基本的水位观测方法。

3. 学会应用水位推求流量,以便简化测流工作。

4. 为自然地理环境研究和水资源调查打基础。

二、实验内容

1. 通过直立式水尺、倾斜式水尺或自记水位计对河流水位进行测量。

2. 计算水位与日平均水位。

3. 统计有潮汐影响河段每日出现的各次高低潮位。

4. 用水位推求流量。

5. 绘制等水位线。

三、实验要求

1. 认真做好预习,熟悉实验内容。

2. 严格按照仪器操作规程操作。

3. 做好实验记录。

四、实验条件

1. 仪器设备:直立式水尺、倾斜式水尺、自记水位计。

2. 实验工具:铅笔、彩色铅笔、报告纸等。

五、实验步骤

(一)了解基本概念

水位指水体的自由水面高出某一基面以上的高程。高程起算的固定零点称基面。基面有两种:一是绝对基面,以某河河口平均海平面为零点,例如长江流域的吴淞基面。为使不同河流的水位可以对比,目前全国统一采用青岛基面(即黄海基面);二是测站基面,指测站最枯水位以下 0.5～1.0 m 作起算零点的基面,它便于测站日常记录。影响水位变化的主要因素是水量的增减,此外,水位还受河道冲淤、风、潮汐、支流顶托和人类活动的影响。

水位随时间变化的曲线称水位过程线,它是以时间为横坐标、水位为纵坐标点绘的曲线,按需要可以绘制日、月、年、多年等不同时段的水位过程线。

水位变化也可用水位历时曲线表示,历时是指一年中等于和大于某一水位出现的次数之和,制图时将一年内逐日平均水位按递减次序排列,并将水位分成若干等级,分别统计各级水位发生的次数,再由高水位至低水位依次计算各级水位的累积次数(历时),以水位为纵坐标,以历时为横坐标,即可绘成水位历时曲线。根据该曲线可以查得一年中等于和大于某一水位的总天数及历时,这对航运、桥梁、码头、引水工程的设计和运用均有重要意义。水位历时曲线,常与水位过程线绘在一起,通常在水位过程线图上也标出最高水位、平均水位、最低水位等特征值以供生产、科研应用。

(二)仪器的构造与安装

1.直立式水尺

直立式水尺(如图 5-1)由水尺靠桩和水尺板两部分组成。水尺靠桩可采用木桩、钢管、钢筋混凝土等材料制成,水尺靠桩要求牢固,打入河底,避免发生下沉,一般埋入土深约 0.5～1.0 m;水尺板由木板、搪瓷板、高分子板或不锈钢板做成,其尺度刻划一般至 1 cm。

直立式水尺一般沿水位观测断面设置一组水尺桩,同一组的各支水尺设置在同一断面线上。使用时将水尺板固定在水尺靠桩上,构成直立水尺。水尺靠桩布设范围应高于测站历年最高水位、低于测站历年最低水位0.5 m。水尺板通常长1 m,宽8～10 cm。水尺的刻度必须清晰,数字清楚,且数字的下边缘应靠近相应的刻度处。水尺的刻度一般是1 cm,误差不大于0.5 mm。相邻两水尺之间的水位要有一定的重合,重合范围一般要求在0.1～0.2 m,当风浪大时,重合部分应增大,以保证水位连续观读。水尺板安装后,需用四等以上水准测量的方法测定每支水尺的零点高程。在读得水尺板上的水位数值后加上该水尺的零点高程就是要观测的水位值。

　　图5-1　直立式水尺　　　　　图5-2　倾斜式水尺

2.倾斜式水尺

当测验河段内岸边有规则平整的斜坡时,可采用倾斜式水尺(如图5-2)。此时,可以在平整的斜坡上(岩石或水工建筑物的斜面上),直接安装水尺刻度。同直立式水尺相比,倾斜式水尺具有以下优点:耐久、不易冲毁,水尺零点高程不易变动等。倾斜式水尺具有以下缺点:要求条件比较严格,多沙河流上,水尺刻度容易被淤泥遮盖,在水库斜坡上使用易被悬浮物堆积污染。

倾斜式水尺安装前要进行测量放线,按要求进行放线定位,每米或每块标尺接缝整齐,钻孔深度要略深于螺栓长度,安装专用膨胀螺栓后拧紧。

3. 自记水位仪

自记水位计是自动记录水位变化过程的仪器,具有记录完整、连续、节省人力的优点。目前国内外发展了多种感应水位的方法,其中多数可与自记和远传设备联用,这些方法包括测定水面的方法、测定水压力的方法、由超声波传播时间推算水位的方法等。目前较常用的自记水位计类型有浮筒式自记水位计、水压式自记水位计、超声波水位计、雷达水位计等。

雷达水位计(如图 5-3)可广泛应用于江水、河水、海水、水库等水位的监测。它能全天候工作,适用于在野外或者山区无人监测的情况,能够自动测量计算数据,稳定性高,采用非接触式测量,使用寿命长,免维护。雷达水位计采用微波反射原理,使用时抗干扰能力强,测量数据可达到毫米级别,不受天气、空气压力、地区等因素影响,能在各种复杂的场景运行,更换场景后也能随时适应不同的环境。雷达水位计主要由发射和接收装置、信号处理器、天线等几部分组成,采用发射—反射—接收的工作模式。雷达水位计的天线发射出电磁波,这些电磁波经被测对象表面反射后,再被天线接收,记录脉冲波来回的时间,根据电磁波的传输速度,则可知道雷达天线到水面的距离,再测量出水底到水面的距离,计算出水位。

(三)观测过程

1. 直立式水尺:刻度直接指示相对于该水尺零点的竖直高度。

2. 倾斜式水尺:水面在水尺上的读数加上水尺零点高程即为水位。

3. 自记水位仪:直接读数。

4. 注意事项:水位观测的时间和次数以能测得完整的水位变化过程为原则。当一日内水位平稳或变化缓慢时,可分别在每日 8 时定时观测 1 次或 8 时、20 时定时观测 2 次;水位变化较大时,可

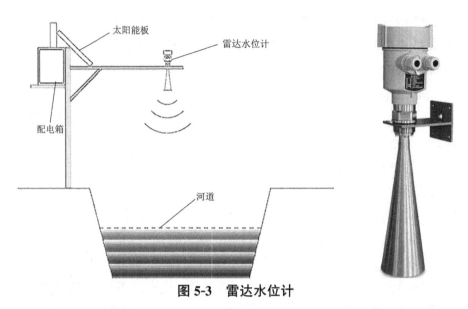

图 5-3　雷达水位计

在每日 2 时、8 时、14 时和 20 时观测 4 次；洪水期水位变化急剧时，则应根据需要增加测次，使能测得洪水峰、谷水位和洪水过程。观测时应注意视线水平，注意波浪及壅水的影响，读数应准确无误，精确至 0.5 cm。

(四)生成报告

1.记录数据。

2.利用水位推求流量。

(1)曼宁公式的含义

该公式是明渠道流量或速度经验公式，常用于物理计算、水利建设等活动中。即

$$V = \frac{k}{n} R_{\mathrm{h}}^{\frac{2}{3}} S^{\frac{1}{2}}.$$

式中，V 为速度；k 为转换常数，国际单位制中 k 的值为 1；n 为糙率，是综合反映管渠壁面粗糙情况对水流影响的一个系数，其值一般由实验数据测得，使用时可查表选用；R_{h} 为水力半径；S 为明渠的坡度。

(2)曼宁公式的局限性

以断面平均水深 h 代替水力半径 R_{h} 时会存在一定的误差，参

照《水文资料整编规范》给出的水位流量关系水力因素法定线指标对系统误差的规定,系统误差不能超过 2%。根据计算可得,要满足这一条件,须保证流量计算深度,最小深宽比(B/h)应大于66.3。

(3)运用曼宁公式进行流量计算

计算时可参考表 5-1 断面水位流量关系。

表 5-1 断面水位流量关系

水位(m)	面积(m²)	流量(m³/s)
174.0	0.0	0.0
174.5	2.9	0.8
175.0	43.9	43.8
175.5	112.4	176.9
176.0	196.6	404.7
176.5	383.3	800.7
177.0	750.9	1613.7
177.5	1322.5	3039.2
178.0	2177.7	5420.7
178.5	3177.9	8865.1
179.0	4195.6	13260.8
179.5	5218.8	18488.5

3.绘制水位过程线图。

六、思考题

1.影响水位观测精度的因素有哪些?

2.水位观测有什么意义?

七、实验报告

1.记录实验过程。

2.整理资料:

(1)编制统计表——试验数据与统计表。

(2)编绘图件——水文地质剖面图和水位过程线图等。

3.完成思考题。

八、注意事项

1.实验前,明确每次实验的内容和要求。根据实验内容阅读教材中的有关章节,弄清基本概念和方法。

2.实验中的具体操作应按指导书的步骤进行,严格按照实验仪器的操作规范进行,不得擅动实验仪器。

3.实验中应妥善保护仪器、设备。若出现仪器故障必须及时向指导教师报告,不可擅自处理。实验时遵守实验室管理制度,爱护实验器材,做好实验室的清洁和安全工作。

4.在野外实习时注意安全。

参考文献

易珍莲,梁杏.水文学原理与水文测验实验实习指导书[M].武汉:中国地质大学出版社,2011.

实验六　湖泊水文观测实验

　　湖泊是陆地表面洼地积水形成的比较宽广的水域,其蕴藏着丰富的水利、生物、矿产等资源,在生态环境中起着重要的水量平衡与调节的作用。水温、透明度、水色是湖泊水重要的物理性质,水深是其重要的观测指标。学生通过实地观测,掌握湖泊水物理性质的测定方法,并根据所得到的实验数据进行处理与分析,归纳出湖泊水物理性质的分布变化规律,进一步加深知识的理解与记忆。

一、实验目的

1. 掌握有关湖泊水物理性质的测定方法。

2. 了解湖泊水有关物理性质的分布变化规律。

二、实验内容

1. 湖泊水温测定。

2. 湖泊水透明度测定。

3. 湖泊水色测定。

4. 湖泊水深、水位测定。

三、实验要求

1. 认真做好预习,熟悉实验内容。

2. 严格按照仪器操作规程操作。

3. 做好实验记录。

四、实验条件

1. 仪器设备:深水温度计、透明度板、水色计、测深杆、水尺等。

2. 实验工具:记录表、报告纸等。

五、实验步骤

(一)测点定位

测点定位指测船到达预先决定的测点位置,或是将测船位置准确地标定在湖泊平面图上。这项工作落实的好坏,直接影响到湖泊调查的精确度。湖泊测点定位的方法很多,此处主要介绍罗盘仪定位法:

①在地形图上找出明显的地物标志或三角点。

②依据湖泊面积大小、形状,在图上布设断面和测点,量算各测点相对位置。

③指挥测船沿着布设的断面和测点方向前进,在进行中随时判读测船相对位置。

④大致到达测点预定的位置后,选定陆地上 A、B、C 三个明显的地物标志,分别量取各点的方位角,而后在地形图上找出 A、B、C 三个点的相应位置。再根据它们各自的方位角,定出三者之间的交点,此交点即为测船在图上的位置。

如果测船位置和预先决定的测点位置相差太远,则重新定位,直至两者基本重合为止。

(二)用深水温度计测定湖泊的水温

1.认识深水温度计

深水温度计(如图 6-1)适于水深 40 m 以内水温的测量。深水温度计安装在特制金属套管内,套管上有可供温度计读数的窗孔,上端有一提环,以供系住绳索,套管下端旋紧着一只有孔的盛水金属圆筒,该盛水圆筒较大,并有上、下活门,利用其放入水中和提升时的自动启开和关闭,使筒内装满所测的水样。测量范围为 $-2℃ \sim 40℃$,分度值为 $0.2℃$。

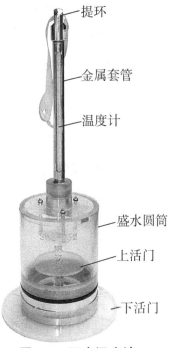

提环
金属套管
温度计
盛水圆筒
上活门
下活门

图 6-1　深水温度计

2. 使用步骤

(1)将绳索的一端穿过拉绳螺帽上的通孔并扣紧,在绳索上标注深度记号。需要注意的是仪器的入水深度是以盛水筒上端的挡水板位置为零点起算。

(2)仪器入水前,要将仪器各联结部分检查一遍,并用护套将温度计玻璃管护住,以免碰撞损坏,然后将仪器放入水中。

(3)为保证仪器测温准确,要求在仪器下降到距预定测点1~1.5 m时,加快仪器的下降速度,不得小于0.5 m/s,以保证仪器的上、下活门能充分开启。

(4)仪器下降到预定的深度并停留1~2分钟后即可上提,在上提时尽量使仪器匀速上升,避免中途停顿,以防筒内的水样和筒外的水发生交换。

(5)仪器提出水面后应抓紧时间观读,读到的温度值即为所测深度的水温。

(6)在观测水文的同时,应该在改测点湖面上2米处观测气温、空气湿度等。

3. 注意事项

(1)测定水文时应同时测定气温,冬季观测时,应避开冰块和雪球。

(2)记录水温,一般应准确至0.5 ℃。当计算水中溶解氧饱和度时,则要记录至0.1 ℃。

(三)用塞氏盘测湖泊水透明度

1. 实验仪器

塞氏盘(见图6-2)是一块漆成黑白色的木质或金属圆盘,直径30 cm,盘下悬挂有铅锤(约5 kg),盘上系有绳索,绳索上标有以米为单位的长度记号。绳索长度应视透明度值大小而定,一般可取30~50 m。

2. 仪器使用步骤及注意事项

(1)观测前应检查透明度盘的绳索标记,新绳索使用前须经缩水处理(将绳索放在水中浸泡后拉紧晾干)。透明度盘应保持洁

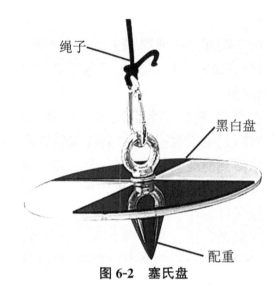

绳子

黑白盘

配重

图 6-2　塞氏盘

净,当油漆脱落或脏污时应重刷油漆。

(2)观测时,观测人员站在船舷的背阳光处,将透明度盘徐徐放入水中直至圆盘从视线中消失为止,再从绳上读取数字,读数精确到小数点后一位记入记录本上。然后将透明度盘在原来位置再下沉到刚好看不见的深度,然后再慢慢地提到隐约可见,读取绳索在水面的标记数值,读数精确到小数点后一位,记入记录本上。取两次的平均值,即为该测点的透明度值。

(3)每次观测结束后,透明度盘应用水冲洗,绳索须用水浸洗,晾干后保存。

(四)用水色计测湖泊水色

1.实验仪器

水色计(见图 6-3)是由蓝色、黄色、褐色三种溶液按一定比例配成的 21 支不同色级的溶液密封管构成。21 种不同色级溶液分别密封在内径 8 mm、长 100 mm 无色玻璃管内,置于敷有白色衬里两开的盒中。

2.使用步骤

(1)观测时水色计内的玻璃管应与观测者的视线垂直。

(2)观测后,将透明度盘提到透明度值一半的水层,根据透明

图 6-3　水色计

度盘上所呈现的湖水颜色,在水色计中找出并记录与之最相似的色级号码。

3.注意事项

(1)水色计必须保存在阴暗干燥处,切忌日光照射,以免褪色。每次观测结束后,应将水色计擦净并装在里红外黑的布套里。

(2)水色的观测只在白天进行,观测地点应选在背阳光处,观测时应避免船只排出污水的影响。

(3)使用的水色计在 6 个月内至少用标准水色校准一次,发现褪色现象,应及时更换。

(五)用测深杆测定湖泊水深

1.实验仪器

测深杆(见图 6-4)是水深测量的主要工具之一,它是用金属或其他材料制成的、刻有标度的、可供读数的一种用于测量水深的刚性标度杆。

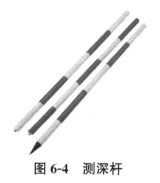

图 6-4　测深杆

2.使用步骤

把测深杆插入水中,通过刻度来读取当前水深值。

(六)数据记录

在实验过程中,完成表 6-1 的数据记录。

表 6-1　湖泊水文观测记录表

湖泊名称:＿＿＿＿＿　　　　观测时间:＿＿＿年＿＿＿月＿＿＿日

测点号数	离岸距离	观测时间(时分)	湖水深度(m)	空气湿度		湿度(%)	气温(℃)	风速(m/s)	气压	天气状况	透明度(m)	水色	湖面状况	水温(℃)
				干球(℃\℉)	湿球(℃\℉)									
1														
2														
3														
4														
5														
6														

六、思考题

1.影响水温、水透明度、水色和水深观测精度的因素有哪些?

2.你在测量过程中遇到过哪些困难?

3.湖泊水的透明度与水色之间的关系是怎样的?

4.根据实测资料绘制湖水温度距离岸边的分布曲线图,并分析其规律和原因。

七、实验报告

1.记录实验过程。

2.实验报告要求:

(1)实验报告应包括实验目的、实验方法、实验结果和讨论等内容。

(2)实验报告需回答实验教程中提出的思考题。

八、注意事项

1.在野外实验时应注意安全。

2.遵守仪器使用规则,爱护实验器材。

参考文献

[1]张克荣.水质理化检验[M].北京:人民卫生出版社,2000.

[2]国家海洋环境监测中心.GB 17378.4-1998,中华人民共和国国家标准,海洋监测规范(第 4 部分):海水分析[S].北京:中国标准出版社,1999.

[3]张留柱,赵志贡,张法中,等.水文测验学[M].郑州:黄河水利出版社,2003.

实验七 达西渗流实验

地下水在土体孔隙中渗透时,由于渗透阻力的作用,沿程必然伴随着能量的损失。为了揭示水在土体中的渗透规律,法国水力学家达西(H. Darcy)经过大量的试验研究,得出了渗透能量损失与渗流速度之间的相互关系,即达西定律。学生通过操作达西渗流实验,观察土壤入渗过程,可了解水在土体中入渗的基本规律,加深对达西定律的理解。

一、实验目的
1. 测定均质砂的渗透系数。
2. 测定渗过砂体的渗流量与水头损失的关系,验证达西定律。
3. 通过常水头线性渗流实验,进一步掌握达西定律。

二、实验内容
利用达西实验装置验证达西定律(水在岩土孔隙中渗流规律的实验定律)。

三、实验要求
1. 认真做好预习,熟悉实验原理及内容。
2. 严格按照仪器操作规程操作。
3. 做好实验记录。

四、实验条件
1. 仪器设备:达西实验装置。
2. 实验工具:粗砂、坐标纸、直尺、铅笔等。

五、实验步骤
(一)了解实验原理

1. 达西定律

法国水力学家达西 1852—1855 年进行了大量的水通过均匀

砂柱渗流实验,得出水在单位时间内通过多孔介质的渗流量与渗流路径长度成反比,与过水断面面积和水头损失成正比,渗流能量损失与渗流速度成一次方的线性规律,后人称为达西定律。

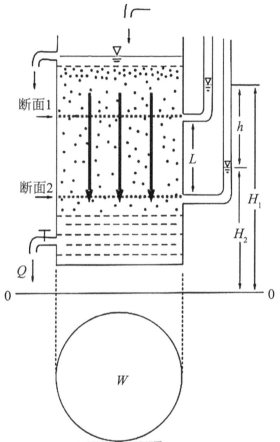

图 7-1 达西定律实验条件示意图

达西所做实验条件如图 7-1 所示:等径圆筒装入均匀砂样,断面为 W,单位 m^3;上下各置一个稳定的溢水装置以保持稳定的水流;实验时上端进水,下端出水;砂筒中安装了 2 个测压管;下端测出水量即渗流量 Q,单位 m^3。

2.具体结论推导过程

由于渗流流速很小,故流速水头可以忽略不计。水头损失 h_w 可用测管水头差来表示,即:

$$h_w = H_1 - H_2 = h.$$

则水力坡度 J 可用测管水头坡度来表示：

$$J = h_w/L = \frac{H_1 - H_2}{L} = h/L,$$

式中，L 为两个测量管孔之间距离；H_1 与 H_2 为两个侧压孔的测管水头。

达西通过大量实验，得到圆筒断面积 A 和水力坡度 J 成正比，并和土壤的透水性能有关，即：

$$Q = kAJ,$$

$$v = \frac{Q}{A} = kJ,$$

式中，v 为渗流简化模型的断面平均流速；k 为渗透系数，是反映孔隙介质透水性能的综合系数；Q 为渗流量。

实验中的渗流区为一圆柱形的均质砂体，属于均匀渗流（本装置适用于中粗砂，细砂不是非常适合，因为常水头渗透实验本来就适用于粗土粒渗透系数的测定），可以认为各点的流动状态是相同的，任一点的渗流流速 u 等于断面平均渗流流速，所以达西定律也可表示为：

$$u = kJ.$$

上式表明，渗流的水力坡度即单位距离上的水头损失与渗流流速的一次方成正比，因此达西定律也被称为渗流线性定律。

（二）实验具体步骤

1.准备：熟悉实验装置各部分（见图 7-2）结构特征、作用性能，认识装砂圆筒内砂的种类，记录有关常数，如盛沙圆筒的直径 D、测压孔间距 L、沙样的粒径 d 或 d_{10}、土壤孔隙率 n 等。

2.加水：关闭进水阀门，接通水泵的电源，待常水头供水箱内充满水时，关闭出水阀门，缓缓打开进水阀门，注意此时阀门不宜打开过大，以免砂样向上浮涌。待水浸透装砂圆筒内全部砂体时，关闭进水阀门。

3.打开通往盛沙圆桶的阀门，使水流通过盛沙桶，并保持盛沙

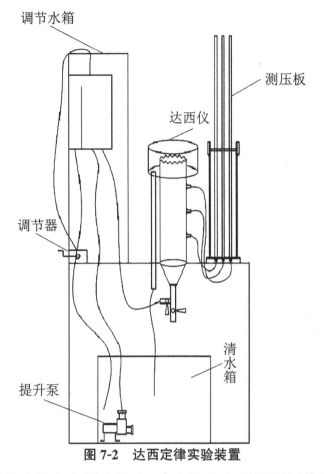

调节水箱

测压板

达西仪

调节器

提升泵

清水箱

图 7-2 达西定律实验装置

桶上部的溢水管有少量水溢出,待水流稳定后用测压管测量两测压管的压差,用量杯测量溢水管的流量。用温度计测量水温。

4.调节通往盛沙圆桶的阀门,改变流量,重复以上实验步骤 N 次。

(三)实验注意事项

1.当渗流量为零时,两测压管水面应保持水平,如不水平,可能是测压管中有空气或测压管漏水,应排除空气或排除漏水后再实验。

2.实验时流量不能过大,流量过大可能会使沙土浮动,也可能使雷诺数较大而超出达西实验的范围。

3.实验时要始终保持盛水容器中的溢流板上有水流溢出,以保证水头为恒定流。

(四)实验数据处理与结果分析

实验设备名称:　　　　　　　　　　　　　　　　仪器编号:

已知数据:盛沙圆通直径 $D=$ ＿＿＿＿＿＿ cm;面积 $A=$ ＿＿＿＿＿＿ cm^2;测压管距离 $L=$ ＿＿＿＿＿＿ cm;水温 $T=$ ＿＿＿＿＿＿ ℃;粘滞系数 $\nu=$ ＿＿＿＿＿＿ cm^2/s;孔隙率 $n=$ ＿＿＿＿＿＿。

1.实验数据及计算

表 7-1　实验数据记录表

测次	H_1	H_2	差压 h	体积 V	时间	Q	J	v	$k=Q/AJ$	R_e
	cm	cm	cm	cm^3	s	cm^3/s	cm^3/s	m/s	m/s	

2.结果分析

(1)计算 $h=H_1-H_2$, $Q=$ 体积 / 时间 , $v=Q/A$, $J=(H_1-H_2)/L$ 。

(2)用公式 $u=v=kJ$ 计算渗透系数 k 。

(3)点绘 $v \sim J$ 的关系曲线,其斜率即为渗透系数 k 。

六、思考题

1.如何通过实验判别达西定律的适用范围?

2.达西定律适用的雷诺数范围是多少?

3.为什么说达西定律为线性定律?

七、实验报告

1. 记录实验过程。

2. 实验报告要求：

（1）实验报告应包括实验目的、实验方法、实验结果和讨论等内容。

（2）实验报告需回答实验教程中提出的思考题。

八、注意事项

实验时遵守实验室管理制度，爱护实验器材，做好实验室的清洁和安全工作。

参考文献

马传明.水文与水资源工程专业实习指导书[M].武汉：中国地质大学出版社有限责任公司,2011.

实验八　气象站和气象要素观测实验

气象要素尤其是温度、湿度、降水、蒸发、气压等要素的变化,对水文环境有重要影响,其他气象要素对水文环境也有一定影响。因此,气象学与水文学关系紧密,气象要素的观测实验也是水文学实验的重要组成部分。气象站作为多种气象要素集中观测的场所,是水文实验的重要观测地。

一、实验目的

1.了解气象站的基本设施及其设置的要求。

2.了解百叶箱的特性和用途,并掌握气温、空气湿度、气压、风向及风速、日照时数、地面温度、雨量、蒸发量的测量方法和记录方式,包括使用传统仪器和新式仪器进行观测的方法。

二、实验内容

1.参观气象站观测场。

2.观察百叶箱。

3.用干湿球温度计测量气温,用最高温度表、最低温度表测量一段时间内的最高温和最低温。

4.用干湿球温度计测量结果计算相对湿度,用 TAL-2 型干湿球温度计读取相对湿度。

5.用动槽式水银气压表测量气压。

6.用风向风速仪测量风向和风速。

7.用暗筒式日照计测量日照时数。

8.用地面温度表测量地面温度和一段时间内的地面最高温、地面最低温。

9.用雨量器测量降水量。

10.用蒸发器测量蒸发量。

11. 使用自动气象站采集各种气象要素信息。

三、实验要求

1. 认真做好预习,熟悉实验内容。

2. 严格按照仪器操作规程操作。

3. 做好实验记录。

四、实验条件

1. 仪器设备:百叶箱、干湿球、动槽式水银气压表、风向风速仪、暗筒式日照计、雨量器、蒸发器。

2. 实验工具:中性笔、记录本等。

五、实验步骤

(一)观察气象站观测场

1. 观测场选址要求:

(1)四周平坦空旷,观测要素不会受观测场局部地形影响。观测场边缘距离四周孤立障碍物高度 10 倍以上,且周围 10 m 内不可种植高秆植物以防气流受阻。

(2)处于该地区最盛行风向的上风处。

(3)观测场与较大水体的最高水位线保持 100 m 以上的水平距离。

(4)观测场应具有地区气象要素代表性。

(5)观测场四周设立约 1.2 m 高的反光稀疏围栏,围栏反光不宜过强;地上种植 20 cm 以下高度的草层。

2. 观测场仪器布置要求:

(1)高的仪器在北,低的仪器在南(见图 8-1)。

(2)仪器按东西成行、南北成列排列整齐,东西间隔≥4 m,南北间隔≥3 m,距离观测场边缘≥3 m。

(3)观测员应从北面接近仪器,小路设置在仪器北面。

(4)辐射观测仪安装在南,感应面无障碍物影响。

(二)观察百叶箱

百叶箱固定在特制支架上,支架露出地面部分约 1.25 m,箱门朝向正北,内置干湿球温度计(见图 8-2)。

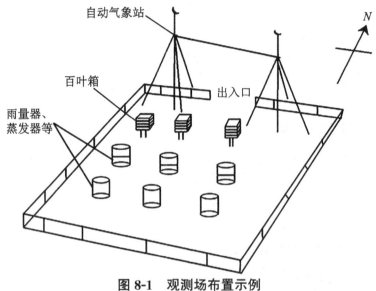

图 8-1　观测场布置示例

图 8-2　百叶箱及干湿球温度表、最高温度表、最低温度表

(三)测量气温

1.观察干湿球温度计,球部中心距离地面高 1.5 m。

2.打开百叶箱,读取干湿球温度计中干球温度,即为当时气温,记录下来。

3.最高温度表安装在温度表支架下横梁(或三通管)的一对弧

形钩上。温度表的感应部位朝向东面,略向下倾斜,约高出干湿球温度表球部 3 cm。

4.最低温度表水平地安装在温度表支架下横梁(或三通管)的一对弧形钩上。温度表感应部位向东,低于最高温度表 1 cm。

(四)测量相对湿度

1.保证纱布一头裹紧湿球温度计探头,一头浸在水中。纱布要吸水性好且干净,水盂内水不得少于三分之二且为干净水,探头保持湿润 30 分钟以上方可进行测量。

2.读取干湿球温度计中湿球温度。读数时,视线与水银柱顶部持平,头、手不要碰触球部,也不要对着水银球呼气。

3.计算出相对湿度。对于 272-A 型干湿球温度计(见图 8-3),直接转动转盘使干球温度刻度线与湿球温度刻度线读数对齐,再读出表盘上相对湿度数据。

4.记录数据,并关好百叶箱。

图 8-3　272-A 型干湿球温度计

(五)测量气压

1.将动槽式水银气压表(见图 8-4)带到温度少变、光线充足的气压室内或特别的保护箱内。

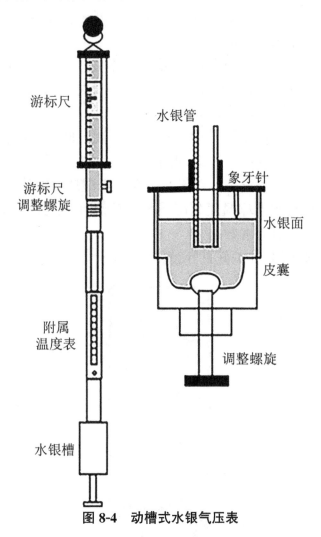

游标尺

游标尺调整螺旋

附属温度表

水银槽

水银管

象牙针

水银面

皮囊

调整螺旋

图 8-4　动槽式水银气压表

2.安装气压表

(1)先使气压表槽部向上,拧动槽底调整螺旋 1～2 圈。

(2)将气压表倒转过来,动作应缓慢,使气压表直立,此时气压表槽部在下方。

(3)将气压表与挂板固定。

（4）先把槽的下端插入挂板的固定环里,再把气压表上部的环套进挂钩中,使气压表自然垂直。

（5）在保持气压表一直自然垂直的状态下,慢慢地旋紧固定环上的三个螺丝,使气压表固定在挂板上。

（6）旋转水银槽底部的调整螺旋,使水银槽内的液面下降到象牙针尖稍下的位置。至此安装完毕,但要稳定 3 个小时,才能进行气压观测。

3.观测方法

（1）附属温度表(简称"附温表")的读数要精确到 0.1 ℃。当温度低于附温表最低刻度时,还要在尽量靠近此气压表的地方,挂一支刻度更低的温度表作为附温表,再进行读数。

（2）调整水银槽内的液面,使液面高度和象牙针尖一致。调整过程中需注意动作要缓慢,如果出现了小涡,就得重新调整,直至达到要求。

（3）调整游尺与读数。先调节游尺,使它稍高于水银柱的顶部。保持视线与游尺环的前后下缘位于同一水平线,同时缓慢调节螺旋让游尺下降,使游尺环的前后下缘与水银柱凸面最高处恰好相切。对游尺下缘零线所对标尺的刻度读出整数,再从游尺刻度线上找出一根与标尺上某一刻度相吻合的刻度线,则游尺上这根刻度线的数字就是小数读数。

（4）读数复验后,降下水银面。旋转槽底调整螺旋,使水银面离开象牙针尖 2～3 mm。

（六）测量风速和风向

1.观察风向风速仪(见图 8-5),可看到风标指向即为当前风向。

2.读取仪器测量出的精确风向、一分钟平均风速数据并记录。

（七）测量日照时数

1.观察暗筒式日照计的安置

（1）暗筒式日照计(见图 8-6)安置在终年自日出到日没都受到阳光照射的位置(观测场满足此条件)。

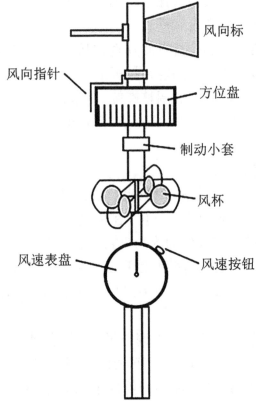

图 8-5　三杯轻便式风向风速仪图

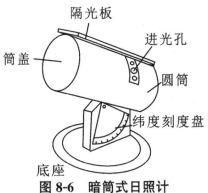

图 8-6　暗筒式日照计

(2)地面上要精确测量好子午线,并做好标记。

(3)仪器的台座底座要保持水平。

(4)筒口对准正北方向。

(5)筒身转动至支架上纬度记号线对准纬度盘上的当地纬度值。

2.使用暗筒式日照计

(1)每天在日落后换日照纸。

(2)在换下来的日照纸上用铅笔描出感光迹线。

(3)将日照纸放入足量清水中浸漂3～5min,然后阴干。

(4)检查感光迹线与铅笔线是否一致,不一致则补上那段铅笔线。

(5)按铅笔线计算各小时日照时数,最后相加。

(八)测量地面温度和一段时间内的地面最高温、地面最低温

1.安装地面温度表

在观测场南面平整出一块裸地,大小约 24 m²。将地面温度表、地面最高温度表、地面最低温度表水平地安放在裸地中央偏东的地面上,感应部分和表身都一半埋入土壤中。摆放方向感应部分向东,沿着南北向的一条直线,按照地面温度表、地面最低温度表、地面最高温度表的顺序自北向南平行排列。

2.读数并记录

(九)测量降水量(详见本书实验一)。

(十)测量蒸发量(详见本书实验二)。

(十一)利用自动气象站采集各种气象要素信息

1.认识自动气象站

自动气象站是无须人工操作即可采集气象信息的仪器,由硬件和软件共同构成,主要包括传感器和采集器、计算机互联网络系统、综合集成硬件控制器等部分。自动气象站针对不同测量对象有不同传感器,常见的有气压传感器、铂电阻温度传感器、湿敏电容温度传感器、单翼风向传感器、风杯风速传感器、翻斗式雨量传感器、超声测距蒸发量传感器、铂电阻地温传感器、日照传感器等。采集器配有电源、存储器,具有数据的采样、处理、存储、传输功能。

2.常见的自动气象站型号

常见自动气象站型号有上海长望气象科技股份有限公司的

DZZ3 型、江苏省无线电科学研究所有限公司的 DZZ4 型、北京华云升达气象科技有限公司的 DZZ5 型、天津中环天仪气象仪器有限公司的 DZZ6 型等。华中师范大学气象站的观测场中配置有武汉易谷科技公司的 YG-XY 校园气象站(见图 8-7)和 DZZ4 型自动气象站。

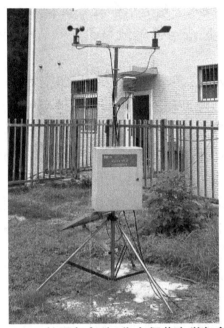

图 8-7　YG-XY 校园气象站(华中师范大学气象站配置)

(1)YG-XY 校园气象站系统是专为中小学以及高校校园气象观测开发设计的自动观测气象站,可同时监测大气温度、大气湿度、土壤温度、土壤湿度、雨量、风速、风向、气压、辐射、照度等诸多气象要素(观测气象要素可根据用户需求配置)。

(2)DZZ4 型自动气象站能采集并存储、传输气温、湿度、气压、风向、风速、降水量、地温、蒸发、雪深、能见度等要素的数据。在传输方面,DZZ4 型自动气象站可以通过通信电缆直接连通本地终端计算机,也可以通过通信网络进行远程无线数据传输连接远程中心站服务器,还可以通过计算机网络进行以太网数据传输。在供电方面,DZZ4 型自动气象站配有后备电源蓄电池,也可以通过太阳能发电、风力发电来供电。

六、思考题

1.干湿球温度计的工作原理是什么?

2.动槽式水银气压表的工作原理是什么?

3.百叶箱的作用是什么?

4.风向风速仪的设计原理是什么?

5.观察观测场特点,需要做哪些防护工作?

七、实验报告

1.记录实验过程。

2.实验报告要求

(1)实验报告应包括实验目的、实验方法、实验结果和讨论等内容。

(2)实验报告需回答实验教程中提出的思考题。

八、注意事项

1.实验前,明确实验的内容和要求。根据实验内容阅读教材中的有关章节,弄清基本概念和方法。

2.实验中的具体操作应按指导书的步骤进行,严格按照实验仪器的操作规范进行,爱护实验器材。

3.在野外实习时要注意安全。

参考文献

邓卫勤.动槽水银气压表的检定[J].轻工标准与质量,2014(6):48-49.

实验九　流量测量实验

　　流量是单位时间内流过某一过水断面的水体体积,常用单位为 m^3/s。流量是反映水资源和江河、湖泊、水库等水量变化的基本资料,也是河流最重要的水文要素之一。受多种因素的影响,天然河流的流量大小悬殊。为了研究江河流量变化的规律,为国民经济建设服务,必须积累不同地点、不同时间的流量资料。

一、实验目的

1. 掌握测定过水断面面积的方法。

2. 了解如何正确使用流速仪,理解测量流速的方法。

3. 学会根据流速和过水断面面积计算流量。

二、实验内容

1. 测出各垂线的水深和起点距。

2. 测出各垂线上的点流速。

3. 计算断面流量。

三、实验要求

1. 认真做好预习,熟悉实验内容。

2. 严格按照仪器操作规程操作。

3. 做好实验记录。

四、实验条件

1. 仪器设备:流速仪、测深杆、浮标若干个等。

2. 实验工具:秒表、测验记录表、钢卷尺、船只、铅笔、报告纸等。

五、实验步骤

(一)实验原理

通过河流某一断面的流量 Q 可表示为断面平均流速 V 和过水断面面积 A 的乘积,即 $Q=V \cdot A$。因此,流量测验应包括断面测量和流速测量两部分工作。

流速仪法测流,是以上面公式为依据,将过水断面划分为若干部分,用普通测量方法测算出各部分断面的面积,用流速仪测算出各部分面积上的平均流速,部分面积乘以相应部分面积上的平均流速,称为部分流量,部分流量的总和即为断面的流量。

1. 断面测量

河道断面测量,是在断面上布设一定数量的测深垂线,测得每条测深垂线的 D_i 和水深 H_i,从实测的水位减去水深,即得各测深垂线处的河底高程,便可绘制断面测量示意图(如图 9-1)。

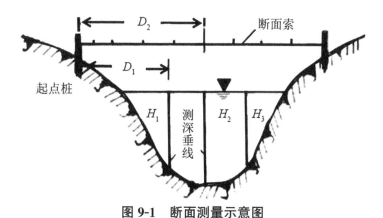

图 9-1　断面测量示意图

(1)水深测量

测深垂线的数目和位置要求达到能控制断面形状的变化,以便能正确地绘出断面图。一般河道中心较密,滩地较稀,测深垂线的位置应能控制河床变化的转折点。

水深是指某一点上从水面到河底的垂直距离。测量水深的方法随水深、流速大小、精度要求不同而异,通常采用测深杆、测深锤(或铅鱼)、回声测深仪等施测。测深杆是一种精度较高的测深方法,当水深小于 5 m、流速小于 3.0 m/s 时,应尽量采用测深杆测量水深。

用测深杆测深时允许误差为水深的 1%~2%,因此在上部刻度可稀一些,下部刻度密一些。施测时,把测深杆插入水中,通过刻度来读取当前水深值,如果流速大,可把杆子下端向上游倾斜,用力插入水中,使测深杆下端到达水底时恰垂直于水面。

(2)起点距测量

起点距是指断面上测深垂线到断面起点桩的水平距离。起点距可用断面索法和仪器交会法测定。

①断面索法,是一种架设在横断面上的钢丝缆索上系好表示起点距的标志,直接读得各测深垂线起点距的一种方法,适用于河宽不大(小于 300 m),有条件架设断面索的测站。

对断面索的长度及标志的位置要经常加以校正,扎标志时必须在浸湿拉紧的状态下进行。测深工作进行时,测船依断面索前进,按一定的间距测深,其起点距可以由标志定出。

②测角交会法(图 9-2)包括经纬仪交会法和六分仪交会法等。此法一般在河面较宽(大于 300 m)的测站上应用。应用时,断面上要有明显的标志及合乎要求的基线。测定方法如图 9-2 所示。

当使用经纬仪作前方交会时,将仪器架设在 C 点测出夹角,再用下式计算出起点距:

$$D = L \cdot \tan\Phi,$$

式中,D 为起点距,单位为 m;L 为基线长度,单位为 m;Φ 为基线与经纬仪视线间的夹角,单位为度。

六分仪交会法是在船上测出夹角 β,再按下式计算起点距:

$$D = L \cdot \cot\beta.$$

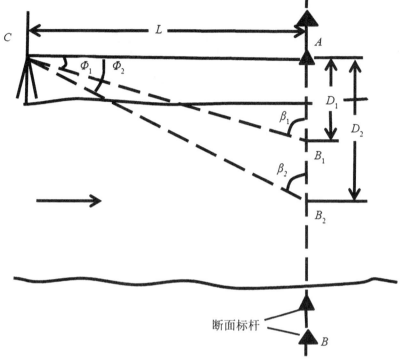

图 9-2　测角交会法测定起点距示意图

2.流速测量

（1）流速仪测速原理与点流速测定

流速仪是用来测定水流中任意指定点沿流向的水平流速的仪器。我国采用的主要是旋杯式和旋桨式两类。图 9-3 为华中师范大学 2017 级学生宜昌实习时使用流速仪对河流流速进行定点测定。

流速仪由感应水流的旋杯器（旋杯或旋桨）、记录信号的计数器和保持仪器正对水流的尾翼等三部分组成。当仪器放入水中时，旋杯或旋桨受水流冲击而旋转，流速越大，旋转越快。根据每秒转数和流速的关系，便可计算出测点流速。

流速仪转子的转速 n 与流速 V 的关系，在流速仪检定槽中通过实验率定，其关系式一般如下：

图 9-3　宜昌实习定点测流速

$$V = Kn + C，$$

式中，V 为测点流速，单位为 m/s；K 为仪器检定常数；C 为摩阻系数；n 为流速仪转速，公式为：

$$n = N/T，$$

式中，N 为旋转器总转数；T 为测速历时，单位为 s。

测流时，对于某一测点，记下仪器的总转数 N 和测速历时 T，求出转速 $n = N/T$，由 $V = Kn + C$ 即可求出该测点的流速 V。为消除流速脉动的影响，要求 $T > 100$ s。

（2）流速垂线及测速点布置

用流速仪测速，是在测流断面上所有测速垂线的各测点上进行的，因此，测速垂线布设是否恰当，对测量结果的精度有一定影响。断面上测速垂线的数目和分布位置应根据河宽、水深、河道地形、流速的横向分布等来确定。

测速的方法根据布设垂线、测点的多少可分为精测法、常测法和简测法。在不同水面宽度、不同水深的情况下，测速垂线的数目不同，具体规定见表 9-1 和表 9-2。

宽深比特别大或漫滩严重的河流，河床是大卵石、卵石组成或分流串沟较多的河流,或者为了更精密的需求,提高测量精度,可以适当地增加测速垂线的数目。在地形和流速的急剧转折点都布有垂线的前提下,垂线分布应尽量均匀。

表 9-1　我国精测法最少测速垂线规定

水面宽(m)		<5.0	5.0	50	100	300	1000	>1000
最少测速垂线数	窄深河道	5	6	10	12	15	20	>20
	宽浅河道	5	6	10	15	20	25	>25

表 9-2　我国常测法最少测速垂线规定

水面宽(m)		<5.0	5.0	50	100	300	1000	>1000
最少测速垂线数	窄深河道	3~5	5	6	7	8	8	8
	宽浅河道	3~5	5	8	9	11	13	>13

注:当水面宽与平均水深之比值(B/H)小于 100 时为窄深河道,大于 100 时为宽浅河道。

在每条测速垂线上,流速随水深而变化,为求得垂线平均流速,须在各测速垂线不同水深点上测速。垂线上测点数目和位置根据水深和精度要求而定,见表 9-3。在遇到大风浪,无法保证仪器定位在测点深度,或者在卵石多的河床,测河底附近测点有碰撞损伤仪器的风险时,可以适当减少流速测点。

表 9-3　精测法测速点的分布

水深或有效水深(m)		垂线上测点数目和位置	
悬杆悬吊	悬索悬吊	畅流期	冰期
>1.0	>3.0	五点(水面、0.2、0.6、0.8 水深、河底)	六点（水面、0.2、0.4、0.6、0.8 有效水深、河底）
0.6~1.0	2.0~3.0	三点(0.2、0.6、0.8 水深)或二点(0.2、0.8 水深)	三点(0.15、0.5、0.85 有效水深)

水深或有效水深(m)		垂线上测点数目和位置	
悬杆悬吊	悬索悬吊	畅流期	冰期
0.4~0.6	1.5~2.0	二点(0.2、0.8 水深)	二点(0.2、0.8 有效水深)
0.2~0.4	0.8~1.5	一点(0.6 水深)	一点(0.5 有效水深)
0.16~0.20	0.6~0.8	一点(0.5 水深)	
	<0.6	改用悬杆悬吊或其他测流方法	改用悬杆悬吊
<0.16		改用小浮标法或其他方法	

3. 流量计算

流量计算一般都以列表方式进行。方法是：由测点流速推求垂线平均流速，由垂线平均流速推求部分面积上的平均流速，部分面积平均流速和部分面积相乘得部分流量，各部分流量之和即为全断面流量。

(1)垂线平均流速计算

一点法　　$V_m = V_{0.6}$ 或 $V_m = (0.90 \sim 0.95)V_{0.5}$，

二点法　　$V_m = (V_{0.2} + V_{0.8})/2$，

三点法　　$V_m = (V_{0.2} + V_{0.6} + V_{0.8})/3$，

五点法　　$V_m = (V_{0.0} + 3V_{0.2} + 3V_{0.6} + 2V_{0.8} + V_{1.0})/10$，

式中，V_m 为垂线平均流速，单位为 m/s；$V_{0.0}$，$V_{0.2}$，$V_{0.6}$，$V_{0.8}$，$V_{1.0}$ 为水面、0.2 m 水深、0.6 m 水深、0.8 m 水深、河底处的测点流速，单位为 m/s。

(2)部分面积平均流速的计算

部分面积平均流速是指两测速垂线间部分面积的平均流速，以及岸边或死水边与断面两端测速垂线间部分面积的平均流速，见图 9-4。图的下半部表示断面图,上半部表示垂线平均流速沿断面的分布。

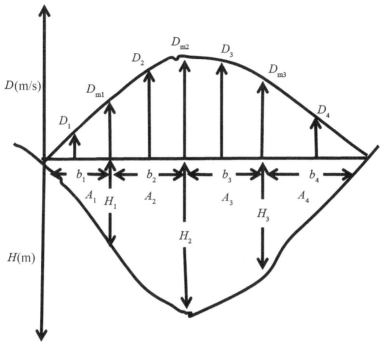

图 9-4 流量及部分面积计算示意图

①中间部分面积平均流速的计算:

$$V_2 = (V_{m1} + V_{m2})/2.$$

②岸边部分面积平均流速的计算:

$$V_1 = \alpha V_{m1}.$$

式中,α 为岸边系数,与岸边性质有关,斜岸边 $\alpha = 0.67 \sim 0.75$,陡岸边 $\alpha = 0.8 \sim 0.9$,死水边 $\alpha = 0.5 \sim 0.67$。

(3)部分面积计算

部分面积以测速垂线为分界,中间部分按梯形计算,岸边部分按三角形计算(见图 9-4)。

①中间部分面积的计算:

$$A_2 = (H_1 + H_2) \cdot b_2/2.$$

②岸边部分面积的计算:

$$A_1 = H_1 \cdot b_1/2.$$

4.断面流量计算

$$Q = A_1V_1 + A_2V_2 + \cdots + A_nV_n = q_1 + q_2 + \cdots + q_n.$$

式中,q_i 为部分面积的流量。

5.断面平均流速计算

$$V = Q/A$$

式中,A 为过水断面面积,单位为 m^2,A 等于各部分面积之和。

(二)具体操作

1.用钢卷尺和测深杆量出所测横断面图。

2.布置测速垂线,布置 3 根。

3.用钢卷尺量出各测速垂线的起点距。

4.用测深杆测水深。

5.将水深和起点距数据汇入表 9-4 中。

6.测垂线上各点流速,各测量数据汇入表 9-4 中,这里规定一根垂线上测三点,即 0.2 m 水深、0.6 m 水深和 0.8 m 水深。注意各流速均要求测两遍,以检查是否出错;为了避免流速的脉动影响,每点每次测速历时不得少于 100 秒。

7.按上述公式进行流量计算。

表 9-4　实验数据记录表

垂线编号	水深	起点距	测点编号	总转数	测速历时	流速
1						
2						
3						

(三)扩展知识

1.年径流量:一个年度内通过某断面的水量,称为该断面以上流域的年径流量。

2.多年平均径流量:天然河流的水量常在变化,各年的径流量也有大有小,实测各年径流量的平均值称为多年平均径流量。

3.正常年径流量:如果统计的实测资料年数增加到无限大时,多年平均流量将趋于一个稳定的数值,此称为正常年径流量(稳定的,但不是不变的)。

4.相关计算:

(1)流量 Q:Q 为单位时间内通过某一断面的水量,单位为 m^3/s。流量随时间的变化过程,用流量过程线表示。

(2)径流总量 W:W 为 T 时段内通过某一断面的总水量,单位为 m^3。有时也用时段平均流量与时段的乘积表示:

$$W = QT$$

(3)径流深度 R:R 为将径流总量平铺在整个流域面积上所求得的水层深度,单位为 mm。径流深度 R 可由下式计算:

$$R = QT/1000F$$

式中,Q 为 T 时段内的平均流量,单位为 m^3/s;F 为流域面积,单位为 km^2。

(4)径流模数 M:M 为流域出口断面流量与流域面积 F 的比值,单位为 $L/s \cdot km^2$。可由下式计算:

$$M = 1000Q/F$$

(5)径流系数 α:α 为某一时段的径流深度 R 与相应的降水深度 P 之比值。

六、思考题

1.断面流速分布受哪些因素的影响?

2.如何提高流量计算的精确度?

3.某水文站控制的流域面积为 2300 km^2,多年平均径流量为 55 m^3/s,多年平均降水量为 1500 mm。计算年径流总量 W、径流深度 R、径流模数 M、径流系数 α。

七、实验报告

1.记录实验过程。

2.整理资料,完成实验数据记录表。

3.实验报告要求:

(1)实验报告应包括实验目的、实验方法、实验结果和讨论等内容。

(2)实验报告需回答实验教程中提出的思考题。

八、注意事项

1.进行实验操作前,先明确实验的内容和要求,了解器材的使用方法。

2.爱护实验器材,并做好器材维护和清洁工作。

参考文献

张留柱,赵志贡,张法中,等.水文测验学[M].郑州:黄河水利出版社,2003.

实验十　小型水库的实地调查与测量

水库是人类按照一定的目的,在河道上建坝或堤堰创造蓄水条件而形成的人工湖泊,其水体运动特性及各种过程,基本上与天然湖泊相似。水库一般由拦河坝、输水建筑和溢洪道三部分组成。拦河坝也称挡水建筑物,主要起拦蓄水量(抬高水位)的作用;输水建筑物是专供取水或放水用的,即引水发电、灌溉或放空水库等,也能兼泄部分洪水;溢洪道也称泄洪建筑物,供宣泄洪水、作防洪调节与保证水库安全之用,故有水库的太平门之称。此外,有些水库为了航运、发电和排除泥沙,往往增设通航建筑物、水电站厂房及排沙底孔等。一个水库的总库容通常包括防洪库容、兴利库容和死库容。

一、实验目的

1. 熟悉水库的组成部分。

2. 了解水库功能及效益。

二、实验内容

1. 水库大坝坝顶长宽、内坡、外坡坡脚等测量,完成大坝土石方量的计算。

2. 大坝各组成部分的观察。

3. 水库特征水位测定。

三、实验要求

1. 认真做好预习,熟悉实验内容。

2. 严格按照仪器操作规程操作。

3. 做好实验记录。

四、实验条件

1. 仪器设备:大皮尺、测距仪、罗盘、GPS 等。

2.实验工具:记录表、报告纸等。

五、实验步骤

(一)大坝组成部分

1.查找并观察水库组成部分:大坝、引水建筑物、溢洪道等。

2.画出水库组成部分的示意图。

(二)大坝土石方测算

1.使用大皮尺或测距仪,测量大坝长度、坝顶宽度。

2.使用大皮尺测量大坝外坡长度。

3.使用罗盘测定大坝内坡、外坡坡角。

4.将测定的各数值记录在表格中。

5.估算修建大坝所需土石方量。

表 10-1　水文野外实习记录表

水库名称:　　　　　　　　　　　　　　　　　　　　　年　月　日

坝顶(m)		外坡		内坡		土石方量
长	宽	角度(度)	宽(m)	角度(度)	宽(m)	(m³)

六、思考题

1.对于单坝的小型水库,如何测量最大洪水位?

2.如何运用简易的方法,估测水库的死水位?

3.建于 20 世纪 50—60 年代的小型水库,其功能是否发生了改变?谈谈你的看法。

七、实验报告

1.记录实验过程,填写表 10-1。

2.实验报告要求:

(1)实验报告应包括实验目的、实验方法、实验结果和讨论等内容。

(2)实验报告需回答实验教程中提出的思考题。

八、注意事项

1.提前预习实验内容,了解实验要求。

2.严格按照规定使用实验仪器,爱惜实验仪器。

3.野外实习时要注意安全。

参考文献

黄锡荃,李惠明,金伯欣.水文学[M].北京:高等教育出版社,1993.

实验十一　水中常见阳离子的检测

天然水中形成各种盐类的主要离子是 K^+、Ca^{2+}、Na^+、Mg^{2+} 四种阳离子和 Cl^-、HCO_3^-、SO_4^{2-}、CO_3^{2-} 四种阴离子,合称天然水中的八大离子。无论哪种天然水,八种主要离子的含量几乎占溶解质总量的 95% 以上。通过测定水中阳离子浓度可以评价水质。

一、实验目的

1. 掌握电感耦合等离子体质谱仪(ICP-MS)测定水样中 K^+、Ca^{2+}、Na^+、Mg^{2+} 浓度的方法。

2. 了解四种阳离子的浓度在水环境中的作用。

二、实验内容

使用可快速、多元素同时分析的电感耦合等离子体质谱仪,检测水中的常见阳离子浓度;以水中常见阳离子浓度评价水质。

三、实验原理

1. 电感耦合等离子体质谱法是将待测物质通过泵引入雾化器到耦合线圈,经去溶剂化、原子化、离子化,最终以离子状态进行定性分析,依据离子的质荷比不同进行分离,再根据质荷比的峰位置和信号强度进行元素的定量分析。由于等离子体内部温度高达几千度至一万度,该温度条件下化合物分子结构已经被破坏,所以该方法仅适用于元素分析。

2. 水中常见的阳离子有 K^+、Ca^{2+}、Na^+、Mg^{2+},其中 Na^+ 是水中最为常见的阳离子,Na^+、K^+ 的存在使水的电导率上升,增加了水的不稳定倾向。而难溶于盐类的阳离子 Ca^{2+}、Mg^{2+} 离子是水的硬度指标,其离子浓度越高,硬度越大。通过测定水中阳离子浓度评价水质。

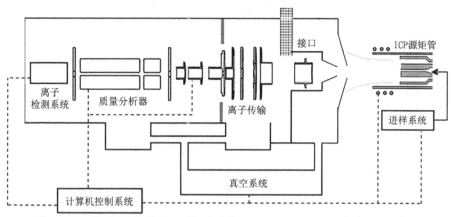

图 11-1　电感耦合等离子体质谱仪(ICP-MS)主要组成部分示意图

四、实验条件

1. 实验器材：0.22 μm 滤膜；注射器；100 mL PP 试剂瓶；1 mL 一次性滴管；10 mL 离心管；1 mL、5 mL 移液枪。

2. 试剂：GR 硝酸；元素标准分析溶液；自来水；矿泉水；蒸馏水。

五、实验步骤

1. 水样的前处理

酸化：将自来水、矿泉水及蒸馏水三种水样，分别取小于 20 mL 过滤，置于 50 mL 容量瓶中，加入酸到 1% 硝酸浓度，将 1 mL 的硝酸加入到 100 mL 水样中。

过滤：采用 0.22 μm 滤膜及注射器结合，将酸化好的三种水样过滤到 10 mL 的离心管中。自来水、矿泉水、蒸馏水分别编号为 1、2、3，待上机测试。

2. 标准曲线的配置

ICP 分析专用的元素标准溶液（K^+、Ca^{2+}、Na^+、Mg^{2+}），采用 2% HNO_3 介质按照 10 μg/mL、5 μg/mL、1 μg/mL、0.5 μg/mL 浓度进行梯度稀释，摇匀待用。

3. ICP-MS 开机

(1)检查工作

检查仪器房间的环境要求：温度 20℃ ～ 25℃；湿度 50%～70%。

检查仪器的真空度是否正常：要求真空度 $<6\times10^{-6}$ kPa。

检查仪器的抽风是否正常。

检查气瓶是否有充足的气体：要求气压 >6.5 MPa。

检查循环水冷是否正常工作：要求循环水冷打开后温度达到 18℃～25℃。

（2）启动仪器

①硬件启动：打开气瓶阀门→打开抽风开关→打开循环水冷开关。

②软件启动：打开电脑→打开 instrument 软件→打开 camera 软件。

③吹气。由于气瓶接口或者管道中在换气瓶期间会掺杂空气或者灰尘等，在点炬前需要将气路吹扫 1～2 min。将 Auxiliary gas（辅助气）及 Newblizer gas（雾化气）分别开到 14 mL/min、0.8 mL/min。

④点炬。点击 plasma 的"on"，观察 camera 视窗的点炬情况，点炬成功后稳定 10～20 min。

⑤调谐。调节仪器状态。

（3）上机测试

①作工作曲线。记录 K^+、Ca^{2+}、Na^+、Mg^{2+} 的信号强度及浓度，作工作曲线。

②测试。测试三种水样，记录每个样品的 K^+、Ca^{2+}、Na^+、Mg^{2+} 信号强度 I。

六、数据处理

根据工作曲线，将待测溶液的信号强度带入工作曲线，计算出元素浓度 C_1。将样品的元素浓度 C_1 扣除样品空白的元素浓度 C_0，即得到样品中元素的实际浓度 Cs。计算公式如下：

$$Cs=C_1-C_0.$$

七、水质评估

1.硬度

硬水：16 mmol/L～30 mmol/L。

软水：小于 8 mmol/L。

最适宜的饮用水的硬度为 8 mmol/L～18 mmol/L，属于轻度或中度硬水。

八、思考题

1.取样的三种水分别属于什么水？

2.电感耦合等离子体质谱的主要结构。

九、注意事项

1.提前预习实验内容，了解实验要求。

2.实验过程中所用耗材必须洁净。

参考文献

江苏省环境监测中心,HJ700-2014,中华人民共和国国家环境保护标准,水质 65 种元素的测定 电感耦合等离子体质谱法[S]. 北京：中国环境出版社,2014.

实验十二　水中细菌及大肠菌群的数量检验

微生物在天然水中广泛分布,其主要来源有空气、土壤、污水、垃圾等。水中细菌及大肠菌群的数量检验是评价水质情况的重要指标,我国规定饮用水的标准为细菌总数不超过 100 个/mL、大肠菌群数不超过 3 个/L。

一、实验目的

1. 掌握培养基的配制。

2. 掌握水样中细菌总数的测定方法。

3. 掌握水样中大肠菌群数的测定方法。

二、实验内容

1. 学习使用稀释平板计数法测定水中细菌的总数。

2. 学习使用滤膜法测定大肠菌群数。

三、实验要求

1. 认真做好预习,熟悉实验内容。

2. 提前准备好配制培养基所需材料,提前对实验器材进行灭菌。

3. 严格按照操作规程操作。

4. 做好实验记录。

四、实验条件

仪器设备:高压灭菌锅、无菌三角瓶、无菌培养皿、无菌吸管、无菌试管、酒精灯。

五、实验步骤

(一)采集水样

此次实验采用的水样是自来水。先用酒精灯火焰将自来水龙头灼烧 3 min,再打开水龙头让水流 5 min,用无菌三角瓶接取自来水样。

(二)培养基的配制

1.牛肉膏蛋白胨琼脂培养基

称取牛肉膏 5 g、蛋白胨 10 g、NaCl 5 g、琼脂 8 g 溶于 1000 mL 灭菌蒸馏水中,用 1 mol/L NaCl 或 1 mol/L HCl 将其 pH 调至 7.0。

2.品红亚硫酸钠琼脂培养基

储备培养基:将 15 g 琼脂加入到 500 mL 的蒸馏水中进行煮沸溶解,然后加入磷酸氢二钾 3.5 g、蛋白胨 10 g、酵母浸膏 5 g,牛肉膏 5 g 加入到另外 500 mL 蒸馏水中进行溶解,再将两者混合定容至 1000 mL 后,用 1 mol/L NaCl 或 1 mol/L HCl 将其 pH 调至 7.2~7.4,加入 10 g 乳糖,混匀后使用 115 ℃ 高压灭菌 20 min。

培养皿培养基:吸取 20 mL 的碱性品红乙醇溶液(50 g/L)于空试管中,再称取 5 g 无水亚硫酸钠于另外一空试管中,加灭菌水溶解后,沸腾后煮 10 min,将溶解的亚硫酸钠溶液用于滴定碱性品红乙醇溶液,直至其从深红色褪为粉红色为止。再将此溶液加到储备培养基中充分混匀即可使用。每个培养皿倒入 15 mL 即可。

(三)水样测定

1.细菌总数的测定

(1)水样的稀释和培养

①选择 1、1:10 这两种稀释浓度,在灭菌试管中对自来水样进行稀释,并吸取 1 mL 的稀释液于无菌培养皿内,每种稀释度设置 3 个重复。

②将 15 mL 熔化后冷却到 45 ℃ 的牛肉膏蛋白胨琼脂培养基倒入到上述无菌培养皿中,并且趁热转动培养皿直至混合均匀。

③培养皿中琼脂凝固后(见图 12-1),将其倒置于 37 ℃ 的培养箱内,培养 24 h 后取出,计算培养皿内的菌落数目并乘稀释倍数,可得结果。

(2)计算方法——稀释度的选择

①应该选择平均菌落数在 30~300 之间的稀释度。

图 12-1　凝固后的培养基

②如果有两个稀释度的菌落数均在 30～300 之间,若比值小于 2,应报告两种稀释度平均数;若比值大于 2,应报告较小的稀释度。

③如果所有稀释度的菌落数都大于 300,应选择最高稀释度。

④如果所有稀释度的菌落数都小于 30,应选择最低稀释度。

⑤如果所有稀释度都没有菌落生长,应选择最低稀释倍数。

⑥如果所有稀释度的菌落数都不在 30～300 之间,则应选择最接近 30 或者 300 的菌落数。

2.大肠菌群数的测定

(1)器材灭菌

①水浴灭菌:将微孔滤膜放在装有蒸馏水的烧杯中,煮沸 15 min(每次煮沸前需用无菌水洗涤 2～3 次)。

②高压灭菌:将滤器使用高压灭菌锅(见图 12-2)在 121 ℃下灭菌 20 min。

(2)培养基预培养及水样过滤

①将品红亚硫酸钠培养基倒放置于培养箱内,37 ℃预培养 60 min。

②使用灭菌镊子将灭菌过的微孔滤膜放在过滤器的基座上,将水样摇匀后取 100 mL 注入滤器内,打开真空泵进行抽滤,抽滤完成后,再使用无菌镊子将其取出,紧贴放在预培养好后的品红亚硫酸钠培养基上,倒放置于培养箱内,37 ℃培养 24 h。

图 12-2　高压灭菌锅

（3）结果计算

菌群若有下列特征的为大肠菌群：

①具有金属光泽的紫红色菌群。

②略带金属光泽的深红色菌群。

③中心色较深的淡红色菌群。

最后，将数出来的菌群数量乘以 10 就是 1 L 水样中大肠菌群数。

六、思考题

1.测定水样中细菌总数的时候，影响稀释倍数的因素有哪些？

2.在此基础上，如何更加精确地测定大肠菌群数？

七、实验报告

1.记录完整实验过程，计算本组水样细菌总数及大肠菌群总数。

2.完成思考题。

八、注意事项

1.实验时应遵守实验秩序，听从指导，保护自身安全。

2.进行实验操作前，先明确实验的内容和要求，了解器材的使用方法。

3.实验观测时,及时记录实验数据,以方便最后的计算。

4.爱护实验器材,做好器材维护和清洁工作。

参考文献

[1]岳舜琳.城市供水水质检验方法标准评价[J].净水技术, 2002,21(S1):34-37.

[2]刘丽敏.对生活饮用水中总大肠菌群三种检测方法对比研究[J].黑龙江科学,2020,11(20):38-39.

附录 观测数据基本统计分析

基本统计分析又称为描述性统计分析(descriptive statistics)，即用直观简单的统计量来描述观测实验数据的特征。

基本统计分析一般通过集中趋势、离散(变异)趋势来描述观测数据。借助统计软件 Excel、SPSS 等进行基本分析时，还可以获得数据的频数图和分布特征。

一、观测值的集中趋势

一般用平均值、中位数、众数等统计量反映观测值的集中趋势。

1. 平均值(mean)

平均值反映了观测值在数值上的平均水平，常用的是算术平均值，用 $\bar{x}$ 表示：

$$\bar{x} = \frac{\sum x_i}{n}.$$

除了算术平均值外，统计分析还可以计算几何平均值以及一些特殊的平均值。

2. 中位数(median)

把一组观测值从小到大，或者从大到小排序，处于中间位置的值就是中位数。显然，在其两边大于或小于中位数的观测值样本数刚好各占 50%。

3. 众数(mode)

众数，即观测值中出现频率最高的值。

这几个统计量从不同角度反映观测值的集中趋势，平均值是最常用的统计量，因为它是观测值作了统计处理，反映的是全部原始观测值的取值；中位数和众数没有对原始观测值做任何统计处理,只是抽取观测值的某个原始特征。

二、观测值的离散趋势

离散趋势反映原始数据分散、变异特征,用它描述的统计量稍微复杂一些,主要有极差、方差、标准差、变异系数等。

1. 极差(range)

极差是观测值中最大值与最小值之差,把原始数据按升序或降序排列后,找到两个极值,即可计算极差。

$$R = x_{\max} - x_{\min} .$$

2. 方差(variance)

方差是所有观测值与其平均值之差的累积平方和再除以样本数,用 s^2 表示:

$$s^2 = \frac{\sum (x_i - \bar{x})^2}{n} .$$

3. 标准差(SD)

标准差又称为标准偏差,它反映观测值对其平均值的离散程度,是常用的统计量,用 s^* 表示:

$$s^* = \sqrt{\frac{\sum (x_i - \bar{x})^2}{n-1}} .$$

标准差大,表示观测值的离散的趋势大,数据越分散,即离平均数远;标准差小,表示观测值越集中在平均数附近。

4. 变异系数(coefficient of variance)

把两个反映数据集中与离散特征的统计量合并可得到一个新的统计量,即变异系数。它是标准差与平均值之比,用 C_v 表示:

$$C_v = \frac{s^*}{\bar{x}} \times 100\% .$$

变异系数表明了标准差相对于平均值而言有多大。

三、频度分析

1. 频数和频率

(1)频数是指某自然地理现象或某观测值在规定范围内(或变量系列中)重复出现的次数,一般用绝对值表示,故又称为绝对频率。

（2）频率是指某自然地理现象或某观测值在规定范围内重复出现的次数占总观测次数的百分比，又称为相对频率或频数，用百分数表示。在观测变量系列中，频率越高的组段，其代表性越强。

2. 频率直方图与分布特征值

（1）频率分布直方图（histogram）（也称频数图）用图形显示观测值的分布规律，是了解数据特征的好方法，其中以频率分布直方图较为常用。

（2）偏度（skewness）是观测值分布对称性的量度。正态分布是对称分布，其偏度值为 0，偏度值偏离 0 越大，分布的不对称性越明显；偏度值小于 0 为负偏斜，频数图由高向低变化；偏度值大于 0 为正偏斜，频数图由低向高变化。

（3）峰度（kurtosis）是观测值分布曲线尖锐性的量度，正态分布的峰度值为 0。峰度值大于 0 且越大，分布曲线越尖锐，尾巴越长；峰度值小于 0 且越小，分布曲线越平坦，尾巴越短。

3. 累积频数和累积频率

（1）累积频数。通常是以各组的上限依次累计到本组为止的各组频数来求得。一般将观测值出现范围分组，从统计各组范围内标志值出现的频数累计求得。

（2）累积频率。是将累积频数除以总频数而得到，它表明到本级上限为止，标志值以下的累积频数占总频数的百分比。